发电生产“1000个为什么”系列书

风电场运行维护1000问

陈立伟　主编

中国电力出版社
CHINA ELECTRIC POWER PRESS

内 容 提 要

为提高风电运行和检修岗位人员职业技能水平，特组织专业技术人员以技术问答的形式编写了本书，便于开展岗位培训和技术考核。主要内容包括：基础知识、电气一次系统、电气二次系统、风电机组、两票三制、常用器具、安全防护等。

本书内容丰富，简单易懂，实用性强，本书可作为风电行业新入职员工、安全管理人员、风电场运行检修人员技能培训教材使用，也可供职业院校风电专业师生及从事风电行业的科研、技术人员自学使用。

图书在版编目（CIP）数据

风电场运行维护1000问/陈立伟主编．—北京：中国电力出版社，2018.9（2024.7重印）
（发电生产“1000个为什么”系列书）
ISBN 978-7-5198-2400-6

Ⅰ.①风…　Ⅱ.①陈…　Ⅲ.①风力发电—发电厂—问题解答　Ⅳ.①TM614-44

中国版本图书馆CIP数据核字（2018）第208165号

出版发行：中国电力出版社
地　　址：北京市东城区北京站西街19号（邮政编码100005）
网　　址：http：//www.cepp.sgcc.com.cn
责任编辑：宋红梅（010－63412383）
责任校对：黄　蓓　闫秀英
装帧设计：赵姗姗
责任印制：蔺义舟

印　　刷：中国电力出版社有限公司
版　　次：2018年10月第一版
印　　次：2024年7月北京第三次印刷
开　　本：880毫米×1230毫米　32开本
印　　张：11.5
字　　数：287千字
印　　数：3001—3300册
定　　价：45.00元

编 委 会

前　言

风力发电企业生产系统员工掌握基础知识是夯实安全基础的根本保证，为提高风电运行和检修岗位人员职业技能水平，编者将国内发布的与风力发电相关的各种标准，以及风电专业知识进行了收集，力求全面展现风电场运行维护的基本要求，细致阐述风电场运行维护的规章制度、安全管理要求，许多章节内容更是融入了编者长期积累的运行维护经验。

本书以技术问答的形式编写，便于开展岗位培训和技术考核时使用。主要内容包括：基础知识、电气一次系统、电气二次系统、风电机组、两票三制、常用器具、安全防护等。

本书内容丰富，简单易懂，实用性强，本书可作为风电行业新入职员工、安全管理人员、风电场运行检修人员技能培训教材使用，也可供职业院校风电专业师生及从事风电行业的科研、技术人员自学使用。

希望通过本书的阅读，读者深入全面地掌握风电场的构成、运行维护知识，熟悉风电场机械及电气设备的工作原理，掌握风电场机械及电气设备安装、检修的要求和方法，了解风电场必要的管理知识，在丰富理论知识的同时提高综合处理问题和解决问题的能力。

由于时间有限，书中难免有不足之处，敬请读者及时提出宝贵意见。

编者

2018.8

目　录

第一章

基础知识

第一节 风能常识

1. 什么是气流？什么是风？

答：在气象学上，一般把垂直方向的大气运动称为气流，水平方向的大气运动称为风。

风是人类常见的自然现象之一，是由太阳的热辐射而引起的空气流动，所以风能是太阳能的一种表现形式。

2. 风形成的原因是什么？

答：太阳对地球表面不均衡地加热，造成了大气层中的温度差。有温度差就会产生压力差，压力差就使大气运动形成风。

3. 什么是大气环流？

答：地球极地与赤道之间存在温度差异，赤道附近温度高的空气上升到高层流向极地，而极地附近的空气受冷收缩下沉，并在低空受指向低纬度的气压梯度力的作用，流向低纬度，这就形成了一个全球性的南北向大气环流。

4. 什么是季风？季风环流形成的原因是什么？

答：由于陆地和海洋在各个季节中受热和冷却程度的不同，风向随季节产生有规律的变化，这种随季节而改变方向的空气流动称为季风，表明这种风的风向总是随着季节而改变。

季风气候的主要特征是季风环流，而季风环流形成的主要原因是海陆分布的热力差异及地球风带的季节转换。

5. 局地环流是怎样形成的？风能有哪两种形式？

答：就某一地区而言，当地的气候和地形条件对主风向分布的影响很明显，往往是大尺度环流系统和当地气候条件相互作用形成局地环流。

风能包括海陆风和山谷风两种形式。

6. 地形对风有什么影响？

答：山谷和海峡能改变气流运动的方向，还能使风速增大，而丘陵、山地会因为摩擦而使风速减小，孤立的山峰会因海拔高而使风速增大。

7. 什么是海陆风？

答：海陆风是由陆地和海洋的热力差异引起的，白天由于太阳辐射，陆地近地面温度上升快，空气密度降低，空气受热上升，形成低气压，风由海面吹向陆地，称为海风；夜晚形成与白天情况相反的气压差，风由陆地吹向海面，称为陆风。

8. 什么是山谷风？

答：山谷风多发生在山脊的南坡（北半球），山坡上的空气经太阳辐射加热后，空气密度降低，空气受热上升，形成低气压，气流沿山坡上升，形成谷风；夜间则相反，气流顺山坡下降，成为山风。

9. 在特殊地形条件下，有哪两种风能？怎样形成的？

答：在特殊地形条件下，有爬坡风和狭管风两种风能。

一般情况下，四周开阔的山丘或山脊上的风速较大，这是因为气流在经过迎风坡时受到地形挤压，产生加速效应，使山顶风速达到最大，这种风即为爬坡风。

建筑物或山体之间的狭窄通道可能会形成狭管效应，迎风面气流受到挤压，在通道中风速加速，形成狭管风。

10. 特殊地形下，风电机组的理想布置区域在哪？

答：爬坡风的产生与山的坡度有很大关系，如果迎风面山体坡度过大，不仅不会产生加速效应，还将产生严重的湍流，影响风能的利用，一般与主风向垂直的山脊是比较理想的风电场布机区域。

对于狭管风，风电机组的理想布置区域的盛行风向与狭管的方向应一致，形成狭管效应的气流通道的表面应尽可能平滑，否则将会产生较大的湍流，对风电机组产生不利影响。

11. 什么是风向、风速？

答：风是一种矢量，通常用风向与风速这两个要素来表示。

风向是由风吹来的方向确定的。若风是从西边吹来的，则称为西风。

风速表示单位时间内流过的距离，分为瞬时风速与平均风速。

12. 什么是瞬时风速？

答：瞬时风速表示某一时刻的风速值。

13. 什么是平均风速？

答：平均风速表示在给定时间段内瞬时风速的平均值。

14. 什么是最大风速？

答：最大风速表示给定的时间段内，平均风速中的最大值。

15. 什么是极大风速？

答：极大风速表示在给定的时间段内，瞬时风速的最大值。

16. 风向的表示方法是什么？

答：风向的表示方法有度数表示法和方位表示法。

陆地上一般用 16 个方位表示风向，海上多用 36 个方位表示风向。

在高空则用角度表示风向，即把圆周分成 360°，北风（N）是

0°（即 360°），东风（E）是 90°，南风（S）是 180°，西风（W）是 270°，其余的风向都可以由此计算出来。

17. 什么是风速频率？

答：风速频率又称风速的重复性，指一个月或一年中发生相同风速的时数占这段时间总时数的百分比。

18. 什么是风玫瑰图？

答：风玫瑰图是根据风向在各扇区的频率分布，在极坐标图上以相应的比例长度绘制的形如玫瑰花朵的概率分布图。有些风玫瑰图上还指示出各风向的风速范围。

19. 如何使用风玫瑰图？

答：最常见的风玫瑰图是一个圆，圆上引出 8 条或 16 条方向线。在各方向线上按风的出现频率，截取相应的长度，将相邻方向线上的节点用直线连接的闭合折线图形（见图 1-1）。

在图 1-1 中，该地区最大风频的风向为北风，约为 20%（每一间隔代表风向频率 5%）；中心圆圈内的数字代表静风的频率，有些风玫瑰图上还指示出各风向的风速范围。

风玫瑰图还有其他形式，如图 1-2～图 1-5 所示。其中，图 1-3 所示为风频风速玫瑰图，每一方向上既反映风频大小（线段的长度），又反映这一方向上的平均风速（线段末段的风羽多少）；图 1-4、

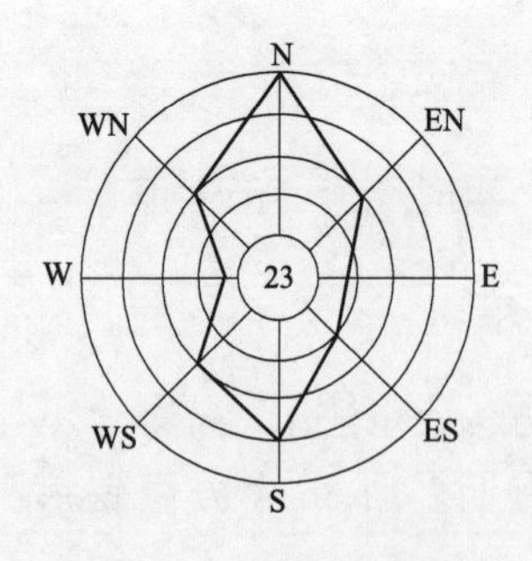

图 1-1　常见的风玫瑰图

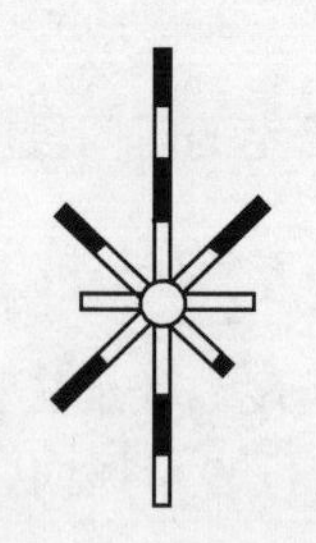
图 1-2　风玫瑰图

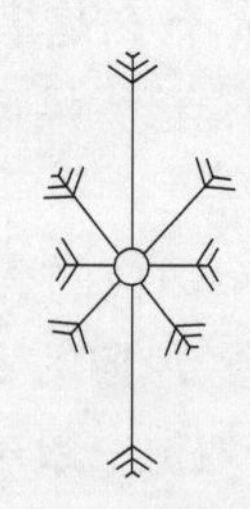
图 1-3　风频风速玫瑰图

图 1-5 所示为无量化的风玫瑰简易图，线段的长度表示风频的相对大小。

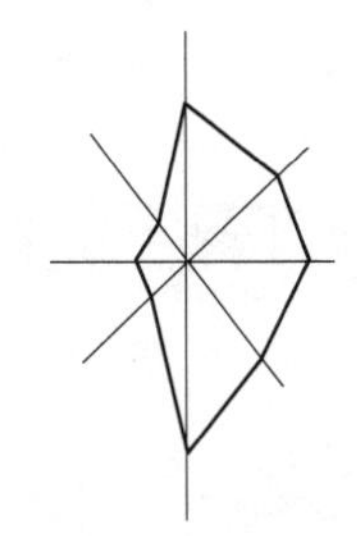

图 1-4 无量化的风玫瑰简易图（一）

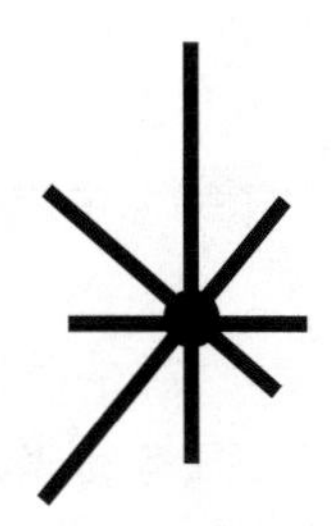

图 1-5 无量化的风玫瑰简易图（二）

20. 什么是风能？

答：风能是空气流动所产生的动能，是太阳能的一种转换形式，是一种重要的自然能源。

21. 什么是风能玫瑰图？

答：风能玫瑰图是根据风能在各扇区的频率分布，在极坐标图上以相应的比例长度绘制的形如玫瑰花朵的概率分布图。

22. 如何使用风能玫瑰图？

答：在风能玫瑰图中，各射线长度分别表示某一方向上的风向频率与相应风向平均风速立方值的乘积，根据风能玫瑰图能看出哪个方向上的风具有能量优势，并对其加以利用。

23. 风能的大小与什么成正比关系？

答：风能的大小分别与空气密度、通过的截面积及风速的立方成正比。

24. 什么是风的动能？风的动能表达式是什么？

答：风是空气流动的现象。流动的空气具有能量，在忽略化学能的情况下，这些能量包括机械能（动能、势能和压力能）和热能。风电机组将风的动能转化为机械能，并进而转化为电能。

从动能到机械能的转化是通过叶片来实现的，从机械能到电能的转化则是通过发电机实现的。对于水平轴的风电机组，在这个转化过程中，风的势能和压力能保持不变。因此，主要考虑风的动能的转化。以下将风的动能简称为风能。

根据牛顿第二定律可以得到，空气流动时的动能为

$$E=mv^2/2 \tag{1-1}$$

式中 m——气体的质量，kg；

v——气体的速度，m/s；

E——气体的动能，J。

设单位时间内空气流过截面积为 S 的气体的体积为 L，则 $L=Sv$。

如果以 ρ 表示空气密度，该体积的空气质量为 $m=\rho L=\rho Sv$。

这时，空气流动所具有的动能为

$$E=\rho Sv^3/2 \tag{1-2}$$

式（1-2）为风能的表达式。

单位体积的空气动能为 $E/L=\rho v^2/2$，因此单位面积的风能为

$$E/S=\rho v^3/2 \tag{1-3}$$

式中 v——风速，m/s；

ρ——空气密度，kg/m^3；

S——风轮扫擦面积，m^2。

从风能表达式可以看出，风能的大小与气流密度和通过的面积成正比，与气流速度的立方成正比。

25. 什么是不可压缩流体？

答：流体都具有可压缩性，无论是液体还是气体。可压缩性指在压力作用下，流体的体积会发生变化。通常情况下，液体在压力作用下体积的变化很小，对于宏观的研究，这种变化可以忽略不计。这种在压力作用下体积的变化可以忽略的流体称为不可压缩流体。

气体在压力作用下，体积会发生明显变化。这种在压力作用下体积发生明显变化的流体称为可压缩流体。

但是在一些过程中，譬如远低于音速的空气流动过程中，气体压力和温度的变化可以忽略不计，因而可以将空气作为不可压缩流体进行研究。

26. 什么是流体黏性?

答: 黏性是流体的重要物理属性，是液体抵抗剪切变形的能力。1687 年，英国科学家牛顿在他的《自然哲学的数学原理》中提出牛顿黏性假说，该假说在 1784 年由法国科学家库仑用实验进行了证实。

流体运动时，如果相邻两层流体的运动速度不同，在它们的界面上会产生切应力。速度快的流层对速度慢的流层产生拖动力，速度慢的流层对速度快的流层产生阻力。这个切应力叫做流体的内摩擦力或黏性切应力。

通过实验发现，黏性切应力的大小与流体内的速度梯度成正比。

黏性剪切力的产生是由于流体分子间的引力和流体层间分子运动形成的动量交换。

在流体力学的研究中，经常用到动力黏性系数 μ 和流体密度 ρ 的比值 v，称为运动黏性系数，单位是 m^2/s，即

$$v=\frac{\mu}{\rho} \tag{1-4}$$

在研究过程中，如果流体内的速度梯度很小，黏性力相比于其他力可以忽略时，可以将研究的流体视为无黏性流体，简称无黏流。在研究时，将假设没有黏度的流体称为理想流体。

27. 什么是流动阻力?

答: 在流动空气中的物体都会受到相对于空气运动所受的逆物体运动方向或沿空气来流速度方向的气体动力的分力，这个力称为流动阻力。在低于音速的情况下，流动阻力分为摩擦阻力和压差阻力。由于空气的黏性作用，在物体表面产生的全部摩擦力的合力称为摩擦阻力。与物体面相垂直的气流压力合成的阻力称

为压差阻力。

古代的风车就是利用压差阻力进行工作的。现在使用较多的风杯式测风仪也是利用压差阻力进行工作的。

28. 什么是层流与湍流?

答: 流体运动分为层流和湍流两种状态。层流流动指流体微团（质点）互不掺混、运动轨迹有条不紊的流动形态。湍流流动指流体的微团（质点）作不规则运动、互相混掺、轨迹曲折混乱的形态。

层流和湍流传递动量、热量和质量的方式不同；层流的传递过程是通过分子间的相互作用，湍流的传递过程主要通过质点间的混掺。湍流的传递速率远大于层流的传递速率。

29. 什么是雷诺数?

答: 1883年，英国科学家雷诺通过圆管实验发现了流体运动的层流和湍流两种形态，同时发现这两种形态可以用一个无量纲数进行判别。这个数被称为雷诺数，用 Re 表示。其计算式为

$$Re=\frac{\rho vd}{\mu} \tag{1-5}$$

式中 Re——雷诺数；

v——流动速度，m/s；

d——与流动有关的长度，m；

μ——黏性系数，$N \cdot s/m^2$；

ρ——密度，kg/m^3；

雷诺数在物理上的本质是表征流体运动的惯性力与黏性力的比值。

30. 什么是伯努利方程?

答: 在不考虑流体的可压缩性、黏性，且流体运动的速度不随时间变化的情况下，对流体微团（质点）的运动微分方程沿流

线（与微团运动的迹线一致）进行积分，可以获得著名的理想流体伯努利方程，即

$$\rho v^2/2 + p + \rho gh = \text{const} \tag{1-6}$$

式中 v——流体的速度；

p——流体的压力；

g——重力加速度；

h——流体在流动过程中的高度。

伯努利方程是流体的机械能守恒方程。

31. 什么是升力？

答：放在气流中的翼型，前缘对着气流向上斜放的平板及在气流中旋转的圆柱或圆球（如高尔夫球）都会有一个垂直于气流运动方向的力，这个力称为升力。

1902 年，德国科学家库塔提出绕流物体上的升力理论，但没有在通行的刊物上发表。1906 年起，俄国科学家儒科夫斯基发表了《论依附涡流》等论文，找到了翼型升力和绕翼型的环流之间的关系，建立了二维升力理论的数学基础。这个关于无黏不可压缩环流升力的理论称为库塔-儒科夫斯基理论，被广泛应用于低速机翼的研究。

32. 什么是风功率密度？

答：风功率密度是气流在单位时间内垂直通过单位面积的风能。

33. 风功率密度的大小与什么成正比关系？

答：风功率密度的大小与空气密度、气流速度的立方成正比。

34. 什么是风切变？

答：风切变又称风切或风剪，它反映了风速随着高度的变化而变化的情况，包括气流运动速度的突然变化、气流运动方向的突然变化。

35. 什么是风切变指数？

答： 风切变指数是衡量风速随高度变化快慢的指标。

36. GB/T 18451.1—2012《风力发电机组设计要求》中规定，风电机组轮毂高度处的风切变指数不高于多少？

答： GB/T 18451.1—2012《风力发电机组设计要求》规定，风电机组轮毂高度处的风切变指数不高于0.2。

37. 什么是湍流？湍流强度是衡量什么的指标？

答： 在近地层中，气流具有明显的湍流特征，湍流是一种不规则的随机流动，其速度有快速的大幅度起伏，并随时间、空间位置而变。

湍流强度是衡量气流脉动强弱的相对指标，常用标准差和平均速度的比值来表示。

38. 湍流强度对风电机组存在什么影响？如何降低影响？

答： 湍流强度会减小风电机组的风能利用率，同时也会增加机组的疲劳荷载和机件磨损概率。

一般情况下，可以通过增加风电机组的轮毂高度来降低由地面粗糙度引起的湍流强度的影响。

39. 评价风电场风能资源水平的主要指标是什么？

答： 一般来讲，年平均风速越大，年平均风功率密度也越大，风能可利用的小时数也越多，风电场发电量越高。因此，年平均风速和年平均风功率密度是评价风电场风能资源水平的主要指标。

40. 使风轮转动的方法有哪几种？

答： 使风轮转动的方法有两种，一种是利用阻力，另一种是利用气动升力。

41. 获取准确的风资源数据有何重要性？

答： 因为风能与风速的立方成正比，所以更为准确估测风速是至关重要的。过高地估测风速意味着风电机组的实际输出功率比预期输出功率要低；过低地估测风速又将引起风电机组规划容量过小，潜在的收入就会减少。

42. 风电场选址时应考虑哪些重要因素？

答：（1）经济性，包括风电场的风能特性和装机成本等主要指标。

（2）环境的影响，包括噪声、电磁干扰以及风电场对微气候和生态的影响。

（3）气候灾害，如结凇、台风、空气盐雾、风沙腐蚀等。

（4）对电网的动态影响。

43. 测风系统由哪几部分组成？

答：自动测风系统主要由 6 部分组成，包括传感器、主机、数据存储装置、电源、安全装置和保护装置。

44. 用于风电机组的测风设备主要有哪几种？

答：传统测风仪有风杯式风速仪、螺旋桨式风速仪及风压板风速仪，新型测风仪有超声波测风仪、多普勒测风雷达测风仪、风廓测风仪。

45. 测风系统中的传感器包括哪些？

答：测风系统中的传感器包括风速传感器、风向传感器、温度传感器、气压传感器。

46. 测风塔安装有哪些注意事项？

答：（1）测风高度与预装风电机组的轮毂高度应尽量接近。

（2）测风设备安装在测风塔的顶端，减小测风塔本身对测风设备的影响。

（3）测风塔的安装地点要具有代表性。

（4）测风塔的数量与风电场的规划容量、面积及地形的复杂程度有关。

47. 风电机组选型有哪些方面的内容?

答:(1)风电机组的安全性。

(2)风电机组的经济型。

48. 什么是风电机组选型的基本指标?

答:50年一遇的大风速和湍流强度是机组选型的两个基本的指标。

49. 风电场机组布置需要考虑哪些方面的影响?

答:风电场机组布置除了要考虑风电场风能资源的分布特点以外,还需要考虑土地使用、村庄、电力设施、环境敏感因素等客观因素的限制,风电机组周围的地形条件,建筑物、树木或其他障碍物的不利影响,以及风电机组之间的尾流影响。

第二节 生 产 指 标

50. 风电生产基本统计指标有哪些?

答:风电生产基本统计指标有三级五类十五项。

(1)三级指风电场级、分公司级、集团级。

(2)五类指风能资源指标、电量指标、能耗指标、设备运行水平指标、运行维护指标。

(3)十五项指平均风速、有效风时数、平均空气密度、发电量、上网电量、购网电量、等效可利用小时、风电场用电量、风电场用电率、场损率、送出线损率、风电机组可利用率、风电场可利用率、单位容量运行维护费、场内度电运行维护费。

51. 什么是风能资源指标?

答:风能资源指标用以反映风电场在统计周期内的实际风能资源状况。采用平均风速、有效风时数和平均空气密度3个指标加以综合表征。

52. 什么是平均温度？

答：平均温度指统计周期内风电机组轮毂高度处环境温度的平均值。

53. 什么是平均风速？

答：平均风速指在给定时间内瞬时风速的平均值。

54. 什么是平均风功率密度？

答：平均风功率密度指统计周期内风电机组轮毂高度处风能在单位面积上所产生的平均功率。

55. 什么是有效风时数？

答：在（或接近）风电机组轮毂高度处测得的，介于切入风速与切出风速之间的风速持续小时的累计值，称为有效风时数。

56. 电量指标包括哪些？

答：电量指标用以反映风电场在统计周期内的输出功率和购网电情况，包括发电量、上网电量、购网电量和等效可利用小时 4 个指标。

57. 什么是单机发电量？

答：单机发电量指单台风电机组出口处计量的输出电能，一般从风力发电机监控系统读取。

58. 什么是风电场发电量？

答：风电场发电量指统计期内风电场内全部风电机组发电量的总和。

59. 电量指标差应采取哪些措施？

答：（1）提高风电机组可利用率及风电场可利用率，减少电量损失。

（2）根据风电场风能资源的情况，合理调整风电机组的运行参数。

(3) 积极协调电网公司，争取更大的送出空间，减少限电造成的电量损失。

60. 什么是上网电量?

答: 上网电量指统计周期内风电场向电网输送的全部电能。

61. 什么是用网电量?

答: 用网电量指统计周期内电网向风电场输送的全部电能，应从风电场与电网的关口电能表计取。当风电场所用的电能有非直接来自电网的情形时，在统计时可将这部分电能视为用网电量。

62. 什么是站用电量?

答: 站用电量指统计周期内风电场变电站消耗的全部电能，应从站用电变压器电能表计取。

63. 什么是风电场用电率? 如何计算?

答: 风电场用电率指统计周期内风电场发电和输变电设备所使用及损耗的电量占发电量的百分比。其计算式为

$$风电场用电率=\frac{风电场用电量}{风电场发电量}\times 100\%$$

64. 什么是站用电率?

答: 站用电率指统计周期内风电场变电站用电量占发电量的百分比。

65. 场损率如何计算?

答: 场损率的计算式为

$$场损率=\frac{全场发电量-主变压器高压侧送出电量-场用电量+购网电量}{全场发电量}\times 100\%$$

66. 什么是送出线损率？如何计算？

答： 送出线损率指统计周期内消耗在风电场送出线路的电量占发电量的百分比。其计算式为

$$送出线损率=\frac{主变压器高压侧的送出电量-上网电量}{全场发电量}\times 100\%$$

67. 什么是综合场用电率？如何计算？

答： 综合场用电率指统计周期内风电场在生产运行过程中所使用和损耗的全部电量占发电量的百分比。其计算式为

$$综合场用电率=\frac{风电场发电量-上网电量+购网电量}{风电场发电量}\times 100\%$$

68. 什么是风电机组利用小时？如何计算？

答： 风电机组利用小时指风电机组统计周期内的发电量折算到其满负荷运行条件下的发电小时。其计算式为

$$风电机组利用小时=\frac{风电机组发电量}{风电机组额定功率}$$

69. 什么是风电场利用小时？如何计算？

答： 风电场利用小时指风电场发电量折算到统计周期内该风电场总装机满负荷运行条件下的发电小时数。其计算式为

$$风电场利用小时=\frac{风电场发电量}{风电场装机容量}$$

70. 风电场建设期利用小时如何计算？

答： 风电场建设时期，风电机组不能一次性全部投入，各台风电机组实际投入运行的时间存在差异，在计算风电场利用小时时，装机容量将按照实际折算后的容量来计算，即

$$风电机组折算容量=额定容量\times\frac{统计期实际投产天数}{统计期日历天数}$$

$$风电机组利用小时=\frac{风电机组发电量}{风电机组折算容量}$$

$$风电场建设期利用小时=\frac{风电场发电量}{风电场全部风电机组折算容量之和}$$

71. 影响风电机组年利用小时的因素有哪些?

答: 影响单台风电机组年利用小时的因素主要有风电机组可利用率、风电机组位置、年平均风速及电网情况。

72. 影响风电场年利用小时的因素有哪些?

答: 影响风电场年利用小时的因素主要有风电场年平均风速及风频分布，这主要取决于风电场的宏观选址与单台风电机组的微观选址。同时，风电机组可利用率的高低、输变电设备运行的稳定性及电网限电情况对风电场年利用小时有很大的影响。

73. 什么是设备运行水平指标?

答: 设备运行水平指标是反映风电机组设备运行可靠性的指标，包括风电机组可利用率和风电场可利用率两个指标。

74. 风电机组可利用率如何计算?

答: 风电机组可利用率的计算式为

$$风电机组可利用率=\frac{日历小时-维修小时-故障小时}{日历小时}\times 100\%$$

注：每台风电机组每年合理的例行维护时间不超过80h，超出部分计入可利用率考核。

75. 影响风电机组可利用率的主要因素有哪些?

答: 影响风电机组可利用率的主要因素有风电机组故障次数、故障反应时间及处理时间。

76. 什么是风电机组受累停止运行小时? 如何计算?

答: 因风电场内输变电设备故障或维修导致的风电机组停机小时称为风电机组受累停止运行小时。其计算式为

$$风电机组受累停止运行小时=输变电设备停止运行时间\times 所带风电机组台数$$

77. 风电场可利用率如何计算？

答： 风电机组不可用小时＝故障小时＋维修小时＋受累停止运行小时

$$风电场可利用率=\frac{日历小时\times风电机组台数-风电机组不可用小时之和}{日历小时\times风电机组台数}\times100\%$$

78. 什么是运行维护费？

答： 运行维护费指风电场建成投产并正式移交生产管理后，为实现安全、稳定运行和正常的电力生产，所投入的人力和物力等引起的费用性直接支出，主要包括修理费、材料费、购电费及生产人员的薪酬等。

79. 什么是单位容量运行维护费？

答： 单位容量运行维护费指风电场年度运行维护费与风电场总装机容量之比，用以反映单位容量运行维护费用的高低。其计算式为

$$单位容量运行维护费=\frac{风电场年度运行维护费}{风电场总装机容量}$$

80. 什么是场内度电运行维护费？

答： 场内度电运行维护费指风电场年度运行维护费与风电场年度发电量之比，用以反映风电场度电运行维护费用的高低。其计算式为

$$场内度电运行维护费=\frac{风电场年度运行维护费}{风电场年度发电量}$$

81. 什么是风电机组容量系数？

答： 风电机组容量系数指统计周期内风电机组实际发电量和该机组额定理论发电量的比值。其计算式为

$$风电机组容量系数=\frac{风电机组实际发电量}{风电机组额定功率\times同期日历小时}$$

82. 什么是风电场容量系数?

答: 风电场容量系数指统计周期内风电场实际发电量和额定理论发电量的比值。其计算式为

$$风电场容量系数=\frac{风电场实际发电量}{风电场总装机容量\times同期日历小时}$$

83. 风电机组的计划停止运行系数如何计算?

答: 计划停止运行指机组处于计划检修或维护的状态。计划停止运行小时指机组处于计划停止运行状态的小时数。计划停止运行系数的计算式为

$$计划停止运行系数=\frac{计划停止运行小时}{统计期间小时}\times100\%$$

84. 风电机组的非计划停止运行系数如何计算?

答: 非计划停止运行指机组不可用而又不是计划停止运行的状态。非计划停止运行小时指机组处于非计划停止运行状态的小时数。非计划停止运行系数的计算式为

$$非计划停止运行系数=\frac{非计划停止运行小时}{统计期间小时}\times100\%$$

85. 风电机组的运行系数如何计算?

答: 运行系数指机组在电气上处于连接到电力系统的状态,或虽未连接到电力系统,但在风速条件满足时可以自动连接到电力系统的状态。运行小时指机组处于运行状态的小时数。运行系数的计算式为

$$运行系数=\frac{运行小时}{统计期间小时}\times100\%$$

86. 平均连续可用小时如何计算?

答: 平均连续可用小时的计算式为

$$平均连续可用小时=\frac{可用小时}{计划停止运行次数+非计划停止运行次数}\times100\%$$

87. 什么是风电机组平均无故障工作时间？

答：风电机组平均无故障工作时间指统计周期内风电机组每两次相邻故障之间的工作时间的平均值。

88. 平均无故障可用小时如何计算？

答：平均无故障可用小时的计算式为

$$\text{平均无故障可用小时}=\frac{\text{可用小时}}{\text{强迫停止运行次数}}\times 100\%$$

89. 调峰系数如何计算？

答：调峰系数的计算式为

$$\text{调峰系数}=\frac{\text{利用小时}}{\text{运行小时}}\times\frac{\text{可用小时}}{\text{等效可用小时}}$$

90. 暴露率如何计算？

答：暴露率的计算式为

$$\text{暴露率}=\frac{\text{运行小时}}{\text{可用小时}}\times 100\%$$

可用小时指风电机组处于可用状态的小时数。可用状态指风电机组处于能够执行预定功能的状态，与其是否在运行，以及提供了多少输出功率无关。

91. 功率特性一致性系数如何计算？

答：选取切入风速和额定风速间以 1m/s 为步长的若干个取样点计算功率特性一致性系数，其计算式为

$$\text{功率特性一致性系数}=\frac{\sum_{i=1}^{n}\frac{|\,i\text{ 点曲线功率}-i\text{ 点实际功率}\,|}{i\text{ 点曲线功率}}}{n}\times 100\%$$

式中 i——取样点；

n——取样点个数。

92. 什么是调峰？

答：电能不能储存，电能的发出和使用是同步的，电力系统

中的用电负荷经常发生变化，为了维持有功功率的平衡，保持系统频率的稳定，需要发电部门相应改变发电机的输出功率以适应用电负荷的变化，叫作调峰。

93. 调峰比如何计算？

答： 调峰比的计算式为

$$调峰比=\frac{调峰电量}{发电量+调峰电量}\times 100\%$$

94. 什么是负荷曲线？

答： 负荷曲线指把电力负荷大小随时间变化的关系绘成的曲线。

95. 负荷曲线有何重要性？

答： 掌握负荷曲线有利于保证供电的可靠性及电能质量，减少电网损失，搞好电力系统调度，且日负荷曲线是发电厂内考虑和安排生产工作的依据。

96. 什么是高峰负荷？

答： 高峰负荷指电网和用户在一天时间内所发生的最大负荷值。

97. 什么是低谷负荷？

答： 低谷负荷指电网和用户在一天时间内所发生的用量最少的一点的小时平均电量。

98. 什么是平均负荷？

答： 平均负荷指电网和用户在确定时间段内的平均小时用电量。

99. 什么是负荷率？怎样提高负荷率？

答： 负荷率是一定时间内的平均有功负荷与最高有功负荷之比（用百分数表示），用以衡量平均负荷与最高负荷之间的差异程度。

要提高负荷率，主要是压低高峰负荷和提高平均负荷。

100. 什么是有功功率变化值？

答：有功功率变化值是在规定的时间内，有功功率的最大值与最小值之差，电网目前考核的有 1min 变化值和 10min 变化值。

101. 电网公司对有功功率变化值如何规定？

答：风电场装机容量小于 30MW 时，10min 有功功率变化最大限值为 10MW，1min 有功功率变化最大限值为 3MW。

风电场装机容量大于或等于 30MW，小于或等于 150MW 时，10min 有功功率变化最大限值为装机容量的 1/3，1min 有功功率变化最大限值为装机容量的 1/10。

风电场装机容量大于 150MW 时，10min 有功功率变化最大限值为 50MW，1min 有功功率变化最大限值为 15MW。

102. 什么是风电功率日前预测？什么是实时预测？

答：日前预测指对次日 0 时～24 时的风电功率预测预报，实时预测指自上报时刻起未来 15min～4h 的预测预报。两者的时间分辨率均为 15min。

103. 电网公司对风电功率预测是如何要求的？

答：上报率应达到 100％，日前预测准确率应不小于 80％，实时预测准确率应不小于 85％。

104. 什么是风电机组低电压穿越？

答：风电机组低电压穿越指在风力发电机并网点电压跌落的时候，风电机组能够保持并网，甚至向电网提供一定的无功功率，支持电网恢复，直到电网恢复正常，从而“穿越”这个低电压时间（区域）。

105. 电网对低电压穿越有什么要求?

答: (1) 风电场内的风电机组具有在并网点电压跌至 20%的额定电压时能够保证不脱网连续运行 625ms 的能力。

(2) 风电场并网点电压在发生跌落后 2s 内能够恢复到 90%的额定电压，且风电场内的风电机组能够保证不脱网连续运行。

(3) 对电网故障期间没有切出电网的风电场，其有功功率在电网故障切除后应快速恢复，以至少每秒 10%的额定功率的功率变化率恢复至故障前的值。

106. 什么是动态无功功率补偿装置投入自动可用率?

答: 动态无功功率补偿装置投入自动可用率指装置投入自动可用小时占升压站带电小时的百分比。

107. 电网公司对风电场动态无功功率补偿装置投入自动可用率有何要求?

答: 电网公司要求风电场动态无功功率补偿装置投入自动可用率不小于 95%。

108. 什么是风电场 AVC 投运率?

答: 风电场 AVC 投运率指风电场 AVC 子站投入运行小时占升压站带电小时的百分比。

109. 电网公司对风电场 AVC 投运率是如何要求的?

答: 电网公司要求风电场 AVC 投运率不小于 98%。

110. 什么是风电场 AVC 调节合格率?

答: 电力调度机构 AVC 主站电压指令下达后，机组 AVC 装置在 2min 内调整到位为合格。

风电场 AVC 调节合格率指在规定时间内执行合格点数占调度机构发令次数的百分比。

111. 电网公司对风电场 AVC 调节合格率有何要求？

答： 电网公司要求风电场 AVC 调节合格率不小于 96%。

112. 什么是无功功率补偿控制器的动态响应时间？

答： 无功功率补偿控制器的动态响应时间指从系统中的无功功率到达投切门限时起，到控制器发出投切控制信号为止的时间间隔。

113. 电网公司对风力发电场无功功率补偿控制器的动态响应时间有何要求？

答： 电网公司要求风电场无功功率补偿控制器的动态响应时间不大于 30ms。

第三节 电 工 基 础

114. 什么是电？

答： 电是能的一种形式，是由于电荷的存在或移动而产生的现象。

115. 什么是电场？什么是电场力？

答： 电场是电荷及变化磁场周围空间里存在的一种特殊物质，它不是由分子、原子所组成，但它是客观存在的，具有通常物质所具有的力和能量等客观属性。

电场对放入其中的电荷有作用力，这种力称为电场力。

116. 什么是电流？什么是电流强度？

答： 在电场力作用下，自由电子或离子所发生的有规则的运动称为电流。

单位时间内通过导体某一截面电荷量的代数和称为电流强度，基本单位是安培。

117. 什么是电压？什么是电动势？两者有什么区别？

答：在电场中，将单位正电荷由高电位点移向低电位点时电场力所做的功称为电压，等于高、低两点之间的电位差，基本单位是伏安。

在电场中，将单位正电荷由低电位点移向高电位点时外力所做的功称为电动势，基本单位是伏安。

两者的区别是电压是反映电场力做功的概念，其正方向是电位降的方向；而电动势是反映外力克服电场力做功的概念，其正方向是电位升的方向。

118. 目前我国规定的输电线路标准电压等级有哪些？

答：目前我国规定的输电线路标准电压等级有0.22、0.38、3、6、10、35、110、220、330、500、750kV。

119. 什么是电阻？什么是电阻率？

答：电流在导体内流动所受到的阻力称为电阻。

电阻率又名电阻系数，指某种1m长、截面积1mm^2的导体，在温度为20℃时的电阻值。

120. 什么是电功？如何计算？

答：电流在一段时间内通过某一电路时电场力所做的功，称为电功。其计算式为

$$电功=电功率\times时间$$

121. 什么是电功率？如何计算？

答：电流在单位时间内做的功叫做电功率，是用来表示电能消耗的快慢的物理量。其计算式为

$$电功率=\frac{电功}{时间}$$

122. 什么是欧姆定律？如何计算？

答：欧姆定律指在同一电路中，导体中的电流跟导体两端的

电压成正比，跟导体的电阻阻值成反比。其表达式为

$$电流=\frac{电压}{电阻}$$

123. 导体、绝缘体、半导体是怎样区分的？

答：导体、绝缘体、半导体主要是根据导电性能的强弱来区分的。

把容易导电的物体叫做导体，如金属、石墨、人体等。

把不容易导电的物体叫做绝缘体，如橡胶、玻璃、塑料、陶瓷等。

把导电性能介于导体和绝缘体之间的材料叫做半导体，如锗、硅、砷化镓等。

但是，导体、绝缘体、半导体在外部条件（如温度、高压等）发生变化时，它们之间可以相互转化。

124. 什么是绝缘强度？

答：绝缘物质在电场中，当电场强度增大到某一极限时就会被击穿，这个导致绝缘击穿的电场强度称为绝缘强度。

125. 电阻的大小与哪些因素有关？

答：电阻的大小与导线的截面积、长度、材料有关。

126. 什么是电路？各部分有何作用？

答：（1）电路是由电源、导线、开关和用电器等共同构成的闭合回路。

（2）各部分的作用如下：

1）电源：提供电能。

2）导线：输送电能。

3）开关：控制电路或用电器的接通和断开。

4）用电器：消耗电能。

127. 电路有哪几种工作状态？

答：电路有 3 种工作状态：空载状态、负载状态和短路状态。

128. 电如何分类？

答：电可分为直流电和交流电。交流电指大小和方向按一定的交变周期变化的电。直流电指电流方向一定，且大小不变的电。

交流电又可分为单相交流电和三相交流电。

另外，按电压等级划分，电又可分为高压电和低压电。1000V 以上的为高压电，1000V 及其以下的为低压电。

129. 什么是交流电的周期？

答：交流电的周期指交流电每变化一周所需的时间。

130. 什么是交流电的频率？

答：交流电的频率指单位时间内交流电重复变化的周期数。

131. 什么是工频？

答：工频指工业上用的交流电频率，我国规定工频为 50Hz，有些国家规定工频为 60Hz。

132. 电力系统对频率指标是如何规定的？

答：我国电力系统的额定频率为 50Hz，其允许偏差：对 3000MW 以上的电力系统规定为±0.2Hz，对 3000MW 及以下的电力系统规定为±0.5Hz。

133. 什么是谐波？

答：电力系统中有非线性（时变或时不变）负载时，即使电源都以工频 50Hz 供电，当工频电压或电流作用于非线性负载时，就会产生不同于工频的其他频率的正弦电压或电流，这些不同于工频的正弦电压或电流称为电力谐波。

134. 什么是交流电的幅值?

答: 交流电的幅值指交变电流在一个周期内出现的最大值。

135. 什么是正弦交流电? 它的三要素是什么?

答: 大小和方向随时间按正弦规律变化的交流电流称为正弦交流电。

正弦交流电的三要素是幅值、频率、初相位。

136. 正弦交流电电动势瞬时值如何表示?

答: 正弦交流电电动势 = 幅值 × sin(角频率 × 时间 + 初相位)

137. 什么是正弦交流电平均值? 它与幅值有何关系?

答: 正弦交流电平均值通常指正半周内的平均值。它与幅值的关系是

平均值 = 幅值 × 0.637

138. 什么是正弦交流电有效值? 它与幅值有何关系?

答: 正弦交流电有效值是在两个相同的电阻器件中分别通过直流电和交流电，如果经过同一时间，它们发出的热量相等，那么就把此直流电的大小作为此交流电的有效值。它与幅值的关系是

有效值 = 幅值 × 0.707

139. 电源有哪些连接方式? 各应用于什么场合?

答: 电源一般有串联、并联两种连接方式。

电源串联是将各电源正极与负极依次连接，多用于高电压、小电流的电路中。

电源并联是将各电源的正极与正极、负极与负极相连接，多用于低电压、大电流的电路中。

140. 电阻的基本连接方式有哪几种? 各有何特点?

答: 电阻的基本连接方式有串联、并联、复联 3 种。

电阻串联是将电阻一个接一个成串的连接起来，即首尾依次相连，有以下特点。

（1）总电流与各分电阻的电流相等。

（2）总电阻等于各分电阻之和。

（3）总电压等于各分电阻的电压之和。

电阻并联是将电阻的两端连接于共同两点，并施以同一电压，即首与首、尾与尾连接在一起，有以下特点。

（1）总电压与各分电阻的电压相等。

（2）总电阻等于各分电阻倒数之和。

（3）总电流等于各分电阻的电流之和。

141. 什么是电能质量?

答：电能质量用于表征电能品质的优劣程度，包括电压质量和频率质量两部分。

142. 什么是基尔霍夫定律?

答：基尔霍夫定律分为节点电流定律和回路电压定律。

节点电流定律指在电路中流进节点的电流之和等于流出节点的电流之和。

回路电压定律指在任意一条闭合回路，电动势的代数和等于各个电阻上电压降的代数和。

143. 什么是电压源?

答：电压源即理想电压源，是从实际电源抽象出来的一种模型，不论流过它的电流为多少，在其两端总能保持一定的电压。

144. 什么是电流源?

答：电流源即理想电流源，是从实际电源抽象出来的一种模型，不论其两端的电压为多少，其总能向外提供一定的电流。

145. 什么是戴维南定理?

答：戴维南定理：含独立电源的线性电阻单口网络，对外电路而言，可以等效为一个电压源和电阻串联的单口网络。

146. 什么是诺顿定理？

答：诺顿定理：含独立电源的线性电阻单口网络，对外电路而言，可以等效为一个电流源和电阻并联的单口网络。

147. 什么是磁场？

答：磁场是一种看不见又摸不着的特殊物质，能够产生磁力。

148. 磁场与电场有什么关系？

答：随时间变化的电场产生磁场，随时间变化的磁场产生电场，两者互为因果，形成电磁场。

149. 什么是电流的磁效应？

答：电流流过导体时，在导体周围产生磁场的现象，称为电流的磁效应。

150. 什么是电磁感应？

答：穿过闭合电路的磁通量发生变化，闭合电路中都会有电流产生，这种利用磁场产生电流的方法叫做电磁感应。

151. 什么是自感？

答：当闭合回路中的电流发生变化时，则由这电流所产生的穿过回路本身的磁通也发生变化，因此在回路中就产生感应电动势，这种现象称为自感现象，这种感应电动势称为自感电动势。

152. 什么是互感？

答：如果有两只线圈互相靠近，则其中第一只线圈中的电流所产生的磁通有一部分与第二只线圈相环链。当第一只线圈中的电流发生变化时，其与第二只线圈环链的磁通也发生变化，在第二只线圈中产生感应电动势，这种现象叫做互感现象。

153. 什么是楞次定律？

答：线圈中感应电动势的方向总是企图使它所产生的感应电流反抗原有磁通的变化，即感应电流产生新的磁通反抗原有磁通的变化，这个规律就称为楞次定律。

154. 如何判断载流导体的磁场方向？

答：判定载流导体的磁场方向可以用右手定则，具体方法如下：

（1）如果是载流导线，用右手握住载流导体，拇指指向电流方向，其余四指所指方向就是磁场方向。

（2）如果是载流线圈，用右手握住线圈，四指方向符合线圈中电流方向，这时拇指所指方向为磁场方向。

155. 如何判断通电导线在磁场中的受力方向？

答：判断通电导线在磁场中的受力方向用左手定则，即伸开左手，使拇指与其他四指垂直，让磁力线垂直穿过手心，四指指向电流方向，则拇指方向就是导体受力方向。

156. 什么是电容？

答：电容指容纳电量的能力，是表现电容器容纳电荷本领的物理量。

157. 什么是电容器？

答：电容器是能够存储电场能量的元件，任何两个彼此绝缘且相隔很近的导体间都可构成一个电容器。

158. 电容器有何特点？

答：（1）通交流、隔直流。

（2）电流超前电压 90°的电角度。

159. 为什么电容器可以隔直流？

答：电容器中流过的电流与电容器上的电压变化率成正比，在直流电路中，电压是不变的，故电容器中流过的电流为零，相当于开路，可以隔直流。

160. 电容器的串联与并联分别有什么特点？

答：电容器串联是将各电容器头尾依次连接起来，其特点如下：

（1）总电压等于各电容器的电压之和。

（2）总电容等于各电容器电容倒数之和。

电容器并联是将各电容器头与头、尾与尾连接起来，其特点是：

（1）总电压与各电容器电压相等。

（2）总电容等于各电容器电容之和。

161. 什么是容抗？

答：电容器在电路中对交流电所起的阻碍作用称为容抗。

162. 什么是电感？

答：电感是衡量线圈产生电磁感应能力的物理量。给一个线圈通入电流，通过线圈的磁通量和通入的电流是成正比的，它们的比值叫做自感系数，也叫做电感。

163. 什么是电感器？

答：电感器是能够把电能转化为磁能而存储起来的元件。电感器的结构类似于变压器，但只有一个绕组，又称扼流器、电抗器。

164. 电感器有何特点？

答：（1）通直流，阻止交流电流的变化。

（2）电流滞后电压 90° 的电角度。

165. 为什么电感器可以通直流？

答：电感器两端的电压与通过电感器的电流的变化量成正比，在直流电路中，电流大小和方向是不变的，故电感器两端电压为零，相当于短路，可以通直流。

166. 电感有什么作用？

答：电感在直流电路中不起什么作用，对突变负载和交流电路起抗拒电流变化的作用。

167. 什么是感抗？

答：电感器在电路中对交流电所起的阻碍作用称为感抗。

168. 什么是电抗？

答：电容器和电感器在电路中对交流电所起的阻碍作用合称电抗。

169. 什么是阻抗？

答：电阻、电容器和电感器在电路中对交流电所起的阻碍作用合称阻抗。

170. 什么是有功功率、无功功率和视在功率？

答：有功功率指在交流电路中，电阻元件所消耗的功率。

无功功率指在交流电路中，电感或电容元件不消耗能量，而与电源进行能量交换的那部分功率。

视在功率指在交流电路中，电压与电流的乘积。

171. 什么是功率因数？

答：功率因数又名力率，是有功功率与视在功率的比值，功率因数越高，有功功率所占的比例越大，反之越低。

172. 什么是趋表效应？

答：当直流电流通过导线时，电流在导线截面上的分布是均匀的，但导线通过交流电流时，电流在导线截面上的分布是不均匀的，中心处电流密度小，而靠近表面的电流密度大，这种交流电流通过导线时趋于表面的现象叫作趋表效应，也叫作集肤效应。

173. 什么是三相交流电？

答：三相交流电是电能的一种输送形式，简称三相电。三相交流电源是由三个频率相同、振幅相等、相位互差 120°的交流电势组成的电源。

174. 为什么工业上用三相电？

答：三相电的 3 根线都是火线，传递的电能效率更高。另外，相位互差 120°，能够直接产生“方向确定，有启动力矩”的旋转磁场。

175. 什么是相序？相序对电动机有何影响？

答：相序就是相位的顺序，是三相交流电的瞬时值达到某一数值的先后次序。

相序主要影响电动机的运转，如果相序接反的话，电动机就会反转。

176. 什么是线电压？什么是相电压？

答：在三相电路中，任何一个相线与零线间的电压称为相电压。

在三相电路中，任何两个相线之间的电压称为线电压。

177. 什么是线电流？什么是相电流？

答：在三相电路中，流过每相的电流称为相电流。

在三相电路中，流过任意两火线的电流称为线电流。

178. 对称的三相交流电路有何特点？

答：（1）各相的相电势与线电势、线电压与相电压、线电流与相电流的大小分别相等，相位互差120°，三相各类量的相量和、瞬时值之和均为零。

（2）三相绕组及输电线路的各相阻抗大小和性质均相同。

（3）不论是星形接线，还是三角形接线，三相总的电功率等于一相电功率的3倍，且等于线电压有效值和线电流有效值乘积的$\sqrt{3}$倍。

179. 三相电路中的负载有哪些连接方式？

答：三相电路中的负载有星形和三角形两种连接方式。

180. 什么是负载星形连接方式？有何特点？

答：将负载的三相绕组的末端X、Y、Z连成一个节点，而始端A、B、C分别用导线引出接到电源，这种接线方式称为负载的星形连接方式，或称为Y连接。星形连接有以下特点。

（1）线电流等于相电流。

（2）线电压有效值是相电压有效值的$\sqrt{3}$倍。

（3）线电压的相位超前有关相电压30°。

181. 什么是负载三角形连接方式？有何特点？

答：将三相负载的绕组依次首尾相连构成的闭合回路，再以首端A、B、C引出导线接至电源，这种接线方式叫做负载的三角形连接，或称为△连接。三角形连接有以下特点。

（1）相电压等于线电压。

（2）线电流是相电流的$\sqrt{3}$倍。

（3）线电流滞后于相电流30°。

182. 什么是中性点位移？中线对中性点位移的作用是什么？

答：三相电路连接成星形时，在电源电压对称的情况下，若三相负载对称，则中性点电压为零；若三相负载不对称，则负载中性点会出现电压，即电源中性点和负载中性点间的电压不再为零，这种现象叫做中性点位移。

中性点位移引起负载上各相电压分配不对称，致使某些相的负载电压过高，可能造成设备损坏，而另一些相的负载电压较正常时低，由于达不到额定值，设备不能正常工作。

可见，当三相负载不对称时，必须接入中线，且使中线阻抗为零，才能消除中性点位移。一般照明线路很难做到三相负载平衡，所以应采用三相四线制供电方式。

183. 什么是短路？

答： 在物理学中，电流不通过电气设备直接接通叫做短路。

在正常供电的电路中，电流是流经导线和用电负荷，再回到电源上，形成一个闭合回路的。但是，如果在电流通过的电路中，中间的一部分有两根导线碰在一起，或者是被其他电阻很小的物体短接，就会形成短路。

184. 短路有何危害？

答： 短路时，电流不经过负载，只在电源内部流动，内部电阻很小，则电流很大，强大的电流将产生很大的热效应和机械效应，可能使电源或电路受到损坏，甚至可能引起火灾。

185. 短路的原因有哪些？

答：（1）接线错误。

（2）绝缘损坏。

（3）操作错误。

186. 什么是开路？

答： 开路相当于断路，指在一个闭合的电路中某点断开了，在电路中没有电流通过。开路时可理解为在开路处接入了一个无穷大的电阻。

187. 什么是线性电阻？什么是非线性电阻？

答： 电阻两端的电压与通过它的电流成正比，其伏安特性曲线为直线，这类电阻称为线性电阻，其电阻值为常数；反之，电阻两端的电压与通过它的电流不是线性关系，这类电阻称为非线性电阻，其电阻值不是常数。

188. 无功功率补偿的基本原理是什么？

答：把具有容性负荷的装置与具有感性负荷的装置并联接在同一电路，当容性负荷释放能量时，感性负荷吸收能量；而感性负荷释放能量时，容性负荷却在吸收能量，能量在两种负荷之间交换。这样，感性负荷所吸收的无功功率可从容性负荷输出的无功功率中得到补偿，这就是无功功率补偿的基本原理。

189. 电气设备的常用文字符号－基本文字符号有哪些？

答：电气设备的常用文字符号—基本文字符号见表 1-1。

表 1-1 电气设备的常用文字符号—基本文字符号

符号	描述	符号	描述	符号	描述
GS	同步发电机	GA	异步发电机	M	电动机
MS	同步电动机	MT	力矩电动机	QF	断路器
QS	隔离开关	FU	熔断器	L	电感器
C	电容器	TV	电压互感器	TA	电流互感器
EL	照明灯	GB	蓄电池	XP	插头
XS	插座	PV	电压表	PA	电流表
PJ	电能表	PS	记录仪器	HL	指示灯
HA	报警器	XT	端子箱	XB	连接片
KA	过电流继电器	FV	限压保护器件	KR	热继电器
KT	延时继电器	EH	发热器件	QM	电动机保护开关
KM	接触器	YA	电磁铁	YV	电磁阀
YM	电动阀	FA	具有瞬时动作的限流保护器件	FR	具有延时动作的限流保护器件
FS	具有瞬时、延时动作的限流保护器件				

190. 电气设备的常用文字符号—辅助文字符号有哪些？

答：电气设备的常用文字符号—辅助文字符号见表1-2。

表1-2　电气设备的常用文字符号—辅助文字符号

符号	描述	符号	描述	符号	描述	符号	描述
AC	交流	DC	直流	A	电流	V	电压
AUT	自动	MAN	手动	FW	向前	BW	向后
SYN	同步	ASY	异步	RUN	运行	RES	备用
ST	启动	STP	停止	CW	顺时针	CCW	逆时针
OFF	断开	ON	闭合	IN	输入	OUT	输出
ACC	加速	BRK	制动	C	控制	L	限制
INC	增	DEC	减	H	高	L	低
A	模拟	D	数字	F	快速	D	延时
SET	置位、定位	RST	复位	ADJ	可调	LA	闭锁
E	接地	TE	无干扰接地	PU	不接地保护	PEN	保护接地与中性点共用
P	保护	PE	保护接地	M	主、中间线	N	中性线
AUX	辅助	ADD	附加	IND	感应	FB	反馈
EM	紧急	STE	步进	SAT	饱和	R	记录
S	信号	V	速度、真空	P	压力	T	温度、时间
YE	黄	GN	绿	RD	红	BL	蓝
BK	黑	WH	白				

第四节　机　械　基　础

191. 什么是标准件？其最重要的特点是什么？

答：标准件是按国家标准（或部标准等）大批量制造的常用零件，如螺栓、螺母、键、销、链条等。其最重要的特点是具有通用性。

192. 金属结构的主要形式有哪些？

答：金属结构的主要形式有框架结构、容器结构、箱体结构、一般构件结构。

193. 引起钢结构变形的原因有哪些？

答：引起钢结构变形的原因有两种，即外力和内应力。

194. 什么是局部变形？包括哪些？

答：局部变形指构件的某一部分发生的变形，包括角变形、波浪变形、局部凸凹不平。

195. 离心泵的主要构件有哪些？其工作原理是什么？

答：离心泵的主要构件为叶轮和泵壳、蜗壳。

当叶轮旋转时，叶轮的吸入口处形成低压区，液体被吸入叶轮，液体进入叶轮后，随叶轮旋转作圆周运动的同时，沿叶轮叶片流动，并在叶轮离心力的作用下作径向运动流向叶轮出口处。叶轮旋转时将能量传递给进入叶轮的液体，使液体产生速度能和压力能。当液体流出叶轮进入蜗壳时，因蜗壳的流道截面逐渐增大，使液体的速度能转变为压力能，流至蜗壳出口处时，使液体的压力能变为最大值，这就是离心泵产生的总扬程。

196. 阀门的主要功能是什么？

答：阀门是压力管道的重要组成部件，在工业生产过程中起着重要的作用。其主要功能是接通和截断流体流动，防止流体倒流；调节介质压力、流量，分离、混合或分配流体，防止流体压力超过规定值，以保证管道或设备正常、安全运行等。

197. 阀门按结构分类有哪些？

答：阀门按结构分类有闸阀、截止阀、止回阀、旋塞阀、球阀、蝶阀、隔膜阀等。

198. 阀门按特殊要求分类有哪些？

答：阀门按特殊要求分类有电动阀、电磁阀、液压阀、汽缸阀、遥控阀、紧急切断阀、温度调节阀、压力调节阀、液面调节阀、减压阀、安全阀、夹套阀、波纹管阀、呼吸阀等。

199. 球阀结构有何特点?

答: 球阀的阀瓣为一中间有通道的球体，球体绕自身轴线作90°旋转，以达到启闭的目的，有快速启闭的优点。球阀主要由阀体、球体、密封圈、球杆及驱动机构组成。

200. 电磁阀的工作原理是什么?

答: 当阀门内线圈通电时，线圈产生磁场，将铁芯吸起，带动阀针，浮阀开启，管道通路打开。而当阀门内线圈断电时，磁场立刻消失，由于重力作用，阀芯下落，关闭阀门。

201. 装配中常用的测量项目有哪些?

答: 装配中常用的测量项目有线性尺寸、平行度、垂直度、同轴度、角度。

202. 测量机械零件的内、外圆直径的工具有哪些?

答: 测量机械零件的内、外圆直径的工具一般有游标卡尺、内外卡钳、内外螺旋千分卡尺及专业使用的塞规、环规等。

203. 金属结构的连接方法有哪几种?

答: 金属结构的连接方法有铆接、焊接、铆焊混合连接、螺栓连接。

204. 钻孔时，切削液有何作用?

答: 钻孔时，切削液的作用：减少摩擦，降低钻头阻力和切削温度，提高钻头的切削能力和孔壁的表面质量。

205. 选择连接方法要考虑哪些因素?

答: 选择连接方法要考虑构件的强度、工作环境、材料、施工条件等因素。

206. 螺纹连接常用的防松措施有哪些？

答：螺纹连接常用的防松措施有增大摩擦力、机械防松。

207. 螺栓连接有哪几种？

答：螺栓连接有两种：承受轴向拉伸载荷作用的连接，承受横向作用的连接。

208. 什么是螺纹的大径、中径、小径？有何作用？

答：（1）定义。大径是表示外、内螺纹的最大直径，螺纹的公称直径；小径是表示外、内螺纹的最小直径；中径是螺纹宽度和牙槽宽度相等处的圆柱直径。

（2）作用。螺纹的大径、中径、小径在螺纹连接时，中径是相对主要的尺寸。严格意义上说，起关键作用的是中径的齿厚的间隙（配合）。螺纹的中径是否承受主要的荷载，这要看螺纹的用途。一般螺纹的用途有紧固、荷载、连载、测量和传递运动等。大径用于作为标准，如公称直径；小径用于计算强度；中径跟压力角有关。

209. 螺杆螺纹的牙形有哪几种？不同牙形的齿轮各有什么特点？

答：螺杆螺纹的牙形有三角形、矩形、梯形、矩齿形。

三角形螺纹：牙形角为 60°、自锁性好、牙根厚、强度高，用作连接螺纹。

矩形螺纹：牙形角为 0°、传动效率最高，但牙根强度低、制造较困难、对中精度低、磨损后间隙较难补偿，应用较少。

梯形螺纹：牙形角为 30°、牙根强度高、对中性好、便于加工、传动效率较高、磨损后间隙可以调整，常用作双向传动螺纹。

锯齿形螺纹：工作面的牙形斜角为 3°，非工作面的牙形斜角为 30°，效率高，牙根强度高，用作单向传动螺纹。

210. 为何多数螺纹连接必须防松？措施有哪些？

答：在静荷载作用下或温度变化不大时，螺纹连接不会自行松脱，而在冲击、振动、受变荷载作用或被连接件有相对转动等，螺纹连接可能逐渐松脱而失效，因此必须防松。

防松措施有靠摩擦力防松、机械防松、破坏螺纹副防松。

211. 机械防松有哪些方法？

答：机械防松可以采用开口销、止退垫圈、止动垫圈、串联钢丝。

212. 销的基本类型及其功用如何？

答：销按形状可分为圆柱销、圆锥销、异形销。销连接一般用于轴毂连接，还可作为安全或定位装置。

213. 什么是腐蚀？

答：腐蚀是由于材料与周围环境的作用而产生的损坏或变质。材料包括金属、塑料、橡胶、木材及混凝土等。金属及合金是最主要的结构材料。

214. 金属材料的局部腐蚀主要有哪些类型？

答：金属材料的局部腐蚀主要有应力腐蚀破裂、晶间腐蚀、电偶腐蚀、小孔腐蚀（主要集中在一些活性点上，并向金属内部深处发展）、选择性腐蚀、氢脆等类型。

215. 一对相啮合齿轮的正确啮合条件是什么？

答：正确啮合条件：两齿轮的模数必须相等，两齿轮的压力角必须相等。

216. 斜齿圆柱齿轮与直齿圆柱齿轮相比有何特点？

答：斜齿圆柱齿轮与直齿圆柱齿轮传动相比，具有重合度大，逐渐进入和退出啮合的特点，最小齿数较少。因此，传动平稳，振动和噪声小，承载能力较高，适用于高速和大功率传动。

217. 齿轮系有哪两种基本类型？两者的主要区别是什么？

答：齿轮系有定轴轮系和周转轮系两种基本类型。

定轴轮系：轮系齿轮轴线均固定不动。周转轮系：轮系的某些齿轮既有自转，又有公转。

218. 齿轮系的功用有哪些？

答：齿轮系具有减速传动、变速传动、差速传动、增减扭矩的功用。

219. 齿轮传动的常用润滑方式有哪些？润滑方式的选择取决于什么？

答：齿轮传动的常用润滑方式有人工定期加油、浸油润滑和喷油润滑。润滑方式的选择取决于齿轮圆周速度的大小。

220. 什么是机械密封？

答：机械密封是靠两个垂直于旋转轴线和光洁而平整的表面互相紧密贴合，并作相对转动而构成密封的装置。

221. 机械密封经常泄漏是什么原因？

答：（1）密封元件与轴线不垂直。

（2）密封圈有缺陷，紧力不够。

（3）动静环面不合格。

（4）动、静环变形。

（5）端面比压太小。

（6）转子振摆太大。

（7）弹簧力不够。

（8）弹簧的方向装反。

（9）密封面有污物，开车后把摩擦面破坏。

（10）防转销太长，顶起静环。

（11）静环尾部太长，密封圈没压住。

222. 高压密封的基本特点是什么？

答： 高压密封的基本特点：一般采用金属密封元件，采用窄面或线接触密封，尽可能采用自紧或半自紧式密封。

223. 轴承运转时应注意哪三点？温度在什么范围？

答： 轴承运转时应注意温度、噪声、润滑。

温度范围：滑动轴承小于65℃，滚动轴承小于70℃。

224. 润滑油是如何进行润滑作用的？

答： 润滑油在作相对运动的两摩擦表面之间形成油膜，以降低磨损，降低摩擦功耗，洗去磨损形成的金属微粒，带走摩擦热，冷却摩擦表面。

225. 润滑油的“五定”指什么？

答： 润滑油的“五定”指定点、定人、定质、定时、定量。

226. 如何正确用油，防止油品劣化？

答： 正确用油，防止油品劣化的方法：减少油品蒸发、氧化；减少空气污染；减少软颗粒污染（漆膜）；减少水污染；避免混油污染；避免超温使用；避免固体颗粒物污染；避免金属催化；避免错代油；防止理化指标出现异常；防止超油品承受负荷运行；防止加油量过大和过小；防止超油品承受速度运行；防止超油品耐介质范畴应用。

227. 油品的常规理化指标有哪些？

答： 油品的常规理化指标有黏度、黏度指数、闪点、水分、酸值、腐蚀性、抗泡沫、破乳化和不容物、新油质量、油品变质、油品误用、油品污染等。

228. 润滑油品应如何存放?

答: 所有润滑油品不得露天存放,库内也不能敞口存放;库存3个月以上的润滑油品必须经分析合格后,方可发放使用。

不同种类及牌号的润滑油(脂)要分类存放,并有明显的油品名称、牌号标记,专桶专用,摆放整齐,界限分明,做到防雨、防晒、防尘、防凝、防火,保证做到油品不变质、品种不错乱。

229. 对油系统的补充用油有什么要求?

答: 油系统的补充用油宜采用与已注油同一油源、同一牌号及同一添加剂类型的油品,并且补充油的各项特性指标不应低于已注油。

230. 温度过高对润滑油的性能有何影响?

答: 温度过高对润滑油的性能的影响:加速氧化、降低黏度、添加剂降解。

231. 油中水分的危害是什么?

答:(1)油中有水,冬季结冰,堵塞管道和过滤器。

(2)水的存在增加润滑油的腐蚀性和乳化性。

(3)降低油品介电性能,严重的将引起短路,烧毁设备。

(4)润滑油有水,易产生汽泡,降低油膜强度。

(5)水加速油品氧化。

(6)水能与杂质和油形成低温沉淀物,称为油泥。

(7)润滑油中的水在高温时产生蒸汽,破坏油膜。

(8)对酯类油,还会水解添加剂,产生沉淀,这种情况即使把水除掉,也不能恢复添加剂原来的性能。

(9)一般润滑油中含0.2%的水,轴承寿命就会减少一半;含3%的水,轴承寿命只剩下15%。

232. 对自动注油的润滑点要经常检查哪些项目?

答: 对自动注油的润滑点要经常检查过滤网、油位、油压、油温和油泵注油量。

233. 设备润滑定期巡回检查哪些内容？

答：设备润滑定期巡回检查油箱油位、油温、油站及润滑点油压、给油点油量、回油管油温、冷却器水温等。

234. 设备润滑的方法有哪些？

答：设备润滑的方法：手工加油润滑，滴油润滑，飞溅润滑，油绳、油垫润滑，油环、油链润滑，强制润滑，油雾润滑，油气润滑，脂润滑。

第二章

电气一次系统

第一节 通 用 部 分

235. 什么是电力系统？什么是电力网？

答： 电力系统是由发电厂、电力网和用户设备3个基本环节组成的电能传输系统。

电力系统指由发电、输电、变电、配电、用电设备及相应的辅助系统组成的电能生产、输送、分配、使用的统一整体，也可描述为由电源、电力网及用户组成的整体。

电力网是电力系统的一部分，是由输电、变电、配电设备及相应的辅助系统组成的联系发电与用电的统一整体。

236. 电力系统有何特点？

答：（1）同时性。发电、输电、用电同时完成，不能大量储存。

（2）整体性。发电厂、变压器、高压输电线路、配电线路和用电设备在电网中是一个整体，不可分割，缺少任意一个环节，电力运行都不可能完成。

（3）快速性。电能输送过程迅速。

（4）连续性。电能需要时刻地调整。

（5）实时性。电网事故发展迅速，涉及面大，需要时刻监视电网安全。

（6）随机性。在运行中，负荷随机变化，异常情况及事故发生的随机性。

237. 什么是电气一次系统？常用一次设备有哪些？

答： 电气一次系统是承担电能输送和电能分配任务的高压系

统，一次系统中的电气设备称为一次电气设备。

常用一次设备包括发电机、变压器、电感器、输电线、电力电缆、断路器、隔离开关、母线、避雷器、电流互感器、电压互感器等。

238. 什么是一次系统主接线？对其有哪些要求？

答：一次系统主接线是由发电厂和变电站内的电气一次设备及其连线所组成的输送和分配电能的连接系统。

对一次系统主接线有5点要求，分别是运行的可靠性，运行、检修的灵活性，运行操作的方便性，运行的经济性，扩建的可能性。

239. 什么是一次系统主接线图？

答：一次系统接线图又名主接线图。它用来表示电力输送与分配路线的情况。其上表明多个电气装置和主要元件的连接顺序。

一般主接线图都绘制成单线图，因为单线图看起来比较清晰、简单明了。

240. U、V、W三相应用什么颜色表示？

答：U、V、W三相依次用黄、绿、红表示。

241. 频率过低有何危害？

答：（1）频率的变化将引起电动机转速的变化，从而影响产品质量。

（2）变压器铁耗和励磁电流都将增加，引起升温，不得不降低其负荷。

（3）系统中的无功负荷会增加，电压水平下降。

（4）雷达、电子计算机等会因频率过低而无法运行。

242. 功率因数过低是什么原因造成的？

答：功率因数过低是系统中感性负载过多造成的。

243. 功率因数过低有何危害?

答: (1) 发电机的容量即是它的视在功率，如果发电机在额定容量下运行，输出的有功功率的大小取决于负载的功率因数。功率因数越低，发电机输出的功率越低，其容量得不到充分利用。

(2) 功率因数低，在输电线路上引起较大的电压降和功率损耗，严重时，影响设备的正常运行，用户无法用电。

(3) 阻抗上消耗的功率与电流的平方成正比，电流增大要引起线耗增大。

244. 电力谐波的危害有哪些?

答: (1) 引起串联谐振及并联谐振，放大谐波，造成危险的过电压或过电流。

(2) 产生谐波损耗，使发电、变电、用电设备的效率降低。

(3) 加速电气设备绝缘老化，使其容易击穿，从而缩短它们的使用寿命。

(4) 使设备（如电机、继电保护、自动装置、测量仪表、计算机系统、精密仪器等）运转不正常或不能正确操作。

(5) 干扰通信系统，降低信号的传输质量，破坏信号的正确传递，甚至损坏通信设备。

245. 各电压等级允许的波动范围是多少?

答: (1) 220kV电压等级允许在额定值的±2%范围内波动。

(2) 110kV电压等级允许在额定值的±2%范围内波动。

(3) 35kV电压等级允许在额定值的±5%范围内波动。

(4) 10kV及以下电压等级允许在额定值的±7%范围内波动。

(5) 0.4kV电压等级允许在－5%～＋10%范围内波动。

246. 电压过高有何危害?

答: 当运行电压高于额定电压时，会造成设备因过电压而被烧毁，有的虽未造成事故，但也影响电气设备的使用寿命。

247. 电压过低有何危害?

答: 当运行电压低于额定电压时，因为需要输送同样的功率，电流必然增大，所以线路及变压器的损耗都要相应的增加，使设备不能得到充分的利用，输送能力降低。

使用电设备（如白炽灯、日光灯）的照度降低，若电压过低，日光灯甚至不亮。

电动机的输出功率降低，电流增加，温度升高。

248. 电力系统过电压分几类?

答: 电力系统过电压分为外部过电压和内部过电压。外部过电压即为大气过电压，由雷击引起；内部过电压分为工频过电压、操作过电压、谐振过电压。

249. 过电压保护器的用途?

答: 过电压保护器是限制雷电过电压和操作过电压的一种先进的保护电器，可限制相间和相对地过电压，主要用于保护发电机、变压器、真空断路器、母线、架空线路、电容器、电动机等电气设备的绝缘免受过电压的损害。

250. 哪种故障易引起过电压保护器的损坏?

答: 在系统发生间歇性弧光接地过电压或铁磁谐振过电压时，有可能导致过电压保护器的损坏。

251. 过电压保护器有何结构特征?

答: (1) 无间隙过电压保护器：功能部分为非线性氧化锌电阻片。

(2) 串联间隙过电压保护器：功能部分为串联间隙及氧化锌电阻片。

252. 过电压保护器有何特点?

答: (1) 优异的保护特性：通过保护器引流环与导线之间形

成的串联间隙和限流元件的协同作用，能在瞬间有效地截断工频续流，避免导线发生雷击断线事故。

（2）工频耐受能力强、陡波特性好、通流容量大、保护曲线平坦，可有效减少因雷击造成的线路断路器跳闸。

（3）独有的界面偶联技术和硅橡胶外套整体一次成型工艺，确保产品可靠密封、安全防爆。

（4）硅橡胶外套耐气候老化、耐电蚀损、耐污秽。

（5）运行安全可靠，免维护。即使因异常情况保护器损坏，因有串联间隙的隔离作用，也不会影响线路的绝缘配合水平，确保电力系统的运行安全。

253. 电气设备放电有哪几种形式？

答：电气设备放电按是否贯通两极间的全部绝缘，可以分为局部放电、击穿放电。击穿包括火花放电和电弧放电。

电气设备放电按成因可分为电击穿、热击穿、化学击穿。

电气设备放电按放电特征可分为辉光放电、沿面放电、爬电、闪络等。

254. 什么是非全相运行？

答：非全相运行是三相机构分相合、跳闸过程中，由于某种原因造成一相或两相断路器未合好或未跳开，致使三相电流严重不平衡的一种故障现象。

255. 断路器引发非全相运行的原因？

答：（1）电气方面的故障，主要有操作回路的故障；二次回路绝缘不良；转换触点接触不良，压力不够变位等使分合闸回路不通；断路器密度继电器闭锁操作回路等。

（2）机械部分的故障，主要是断路器操动机构失灵、传动部分故障和断路器本体传动连接断裂的故障。其中，操动机构方面主要有机构脱扣、铁芯卡死、行程不够等。对于液压机构，还可能是液压机构压力低于规定值，导致分合闸闭锁；机构分合闸阀系统有故障；分闸一级阀和逆止阀处有故障；油、气管配置不恰当。特别是每相独立操作时，机构更易发生失灵。

256. 断路器发生非全相运行的危害？

答：断路器合闸不同期，系统在短时间内处于非全相运行状态，由于中性点电压漂移，产生零序电流，将降低保护的灵敏度；由于过电压，可能引起中性点避雷器爆炸；而分闸不同期将延长断路器的燃弧时间，使灭弧室压力增高，加重断路器负担，甚至引起爆炸。所以，应将非同期运行时间尽量缩短。

257. 非全相运行如何处理？

答：运行人员应根据位置指示灯、表计指示值的变化，先查明是继电保护的原因，还是断路器操动机构本身的原因，再判断是电气回路元件的故障，还是机械性的故障。

（1）分闸时的处理方法。

1）断路器单相自动掉闸，造成两相运行时，如断相保护启动的重合闸没动作，可立即指令现场手动合闸一次，若合闸不成功，则应断开其余两相断路器。

2）如果断路器是两相断开，应立即切断控制电源，手动操作断路器分闸。

3）如果非全相断路器采取以上措施无法拉开或合入时，则马上将线路对侧断路器拉开，然后到开关机构箱就地断开断路器。

4）可以用旁路开关与非全相断路器并联，用刀式动触点解开非全相断路器或用母联断路器串联非全相断路器切断非全相电流。

5）母联断路器非全相运行时，应立即降低母联断路器的电流，倒为单母线方式运行，必要时应将一条母线停电。

（2）合闸时的处理方法。如只合上一相或两相，应立即将断路器拉开，重新合闸一次，目的是检查上一次拒合闸是否因操作不当引起的，操作后，若三相断路器均合闸良好，应立即停用非全相保护，以防误动跳闸；若仍不正常，此时应拉开断路器，切断控制电源，检查断路器的位置中间继电器是否卡滞，触点是否接触不良，断路器辅助触点的转换是否正常。

258. 小电流接地系统发生单相接地时有何现象？

答：小电流接地系统发生单相接地时的现象：故障相电压降低，非故障相电压升高；若为金属性接地，故障相电压为零，非故障相电压上升为线电压。

259. 小电流接地系统单相接地后为何不能长期运行？

答：长期运行可能引起健全相的绝缘薄弱点击穿而接地，造成两相异地接地短路，出现较大的短路电流，损坏设备、扩大事故范围。而且接地的电容电流流过变压器，使油温升高而损坏变压器，故不能长期运行。

260. 电力系统的中性点接地方式有哪几种，各有何特点？

答：我国电力系统的中性点接地方式主要有两种，分别为中性点直接接地方式（大电流接地）、中性点不直接接地方式（小电流接地）。

中性点直接接地的系统，发生单相接地故障时，接地短路电流很大，这种系统又称为大接地电流系统。

中性点不直接接地的系统又分为完全不接地系统、经接地电阻柜接地系统、经消弧线圈接地系统三种。发生单相接地故障时，因为不直接构成短路回路，接地故障电流往往比负荷电流小得多，所以称其为小接地电流系统。

261. 中性点不直接接地方式有何特点？

答：优点：

（1）单相接地不破坏系统对称性，可带故障运行一段时间，保证供电连续性。

（2）通信干扰小。

缺点：

（1）单相接地故障时，非故障相对地工频电压升高。

(2) 此系统中，电气设备绝缘要求按线电压的设计。

(3) 可能产生过电压等级相当高的间歇性弧光接地过电压，且持续时间较长，危及网内绝缘薄弱设备，继而引发两相接地故障，引起停电事故。

(4) 系统内谐振过电压引起电压互感器熔断器熔断，烧毁电压互感器，甚至烧坏主设备的事故时有发生。

262. 中性点直接接地方式有何特点？

答：发生单相接地故障时，相地之间就会构成单相直接短路。

优点：过电压数值小，绝缘水平要求低，因而投资少，经济。

缺点：单相接地电流大，接地保护动作于跳闸，可靠性较低；接地短路电流大，电压急剧下降，可能导致电力系统动稳定的破坏；产生的零序电流会造成对通信系统的干扰。

263. 为何110kV及以上的系统采用中性点直接接地方式？

答：我国的110kV及以上电压等级的电网一般都采用中性点直接接地方式，在中性点直接接地系统中，由于中性点电位固定为地电位，发生单相接地故障时，非故障相的工频电压升高不会超过相电压；暂态过电压水平也相对较低；继电保护装置能迅速断开故障线路，设备承受过电压的时间很短，这样就可以使电网中设备的绝缘水平降低，从而使电网的造价降低。

直接接地系统在配网应用中的优点：

(1) 内部过电压较低，可采用较低绝缘水平，节省基建投资。

(2) 大接地电流，故障定位容易，可以正确、迅速地切除接地故障线路。

264. 什么是电网电容电流？

答：输、配电线路对地存在电容，三相导线之间也存在着电容。当导线充电后，导线就与大地之间存在一个电场，导线会通过大气向大地放电，将导线从头到尾的放电电流“归算”到一点，这个假想的电流就是各相对地电容电流。

265. 什么是弧光过电压?

答: 若在中性点不接地系统中发生单相接地，接地处可能出现间歇电弧，而电网总是具有电容和电感，就能形成振荡回路而产生谐振过电压，其值可达 2.5～3 倍的相电压，此种由间歇电弧产生的过电压称为弧光过电压。

266. 什么是补偿度? 什么是残流?

答: 消弧线圈的电感电流与电网电容电流的差值和电网电容电流之比称为补偿度。

消弧线圈的电感电流补偿电容电流之后，流经接地点的剩余电流称为残流。

267. 什么是欠补偿?

答: 欠补偿是在补偿后，电感电流小于电容电流，或者说补偿的感抗小于线路容抗的方式。

268. 什么是过补偿?

答: 过补偿是在补偿后，电感电流大于电容电流，或者说补偿的感抗大于线路容抗的方式。

269. 什么是全补偿?

答: 全补偿是在补偿后，电感电流等于电容电流，或者说补偿的感抗等于线路容抗的方式。

270. 什么是电力系统静态稳定?

答: 电力系统静态稳定是在电力系统受到小干扰后，不发生自发振荡或周期性失步，自动恢复到初始运行状态的能力，如负荷正常变化。

271. 提高电力系统静态稳定的措施有哪些?

答:（1）采用自动调节系统。

（2）减小系统各元件的电抗。

（3）提高系统运行电压。

（4）改善系统的结构。

（5）增大电力系统备用容量。

272. 什么是电力系统动态稳定？

答：电力系统动态稳定是在电力系统受到较大的干扰后，在自动装置参与调节和控制的作用下，系统进入一个新的稳定状态，并重新保持稳定运行的能力。

273. 提高电力系统动态稳定的措施有哪些？

答：（1）变压器中性点经小电阻接地。

（2）快速切除短路故障。

（3）改变运行方式。

（4）故障时分离系统。

（5）采用自动重合闸装置。

（6）设置开关站和采用串联电容补偿。

274. 电能为什么要升高电压传输？

答：电压升高，相应电流减小，这样就可以选用截面较小的导线，节省有色金属。电流通过导线会产生一定的功率损耗和电压降，如果电流减小，功率损耗和电压降会随着电流的减小而降低。

所以，提高电压后，选择适当的导线，不仅可以提高输送功率，而且可以降低线路中的功率损耗，并改善电压质量。

275. 接地体采用搭接焊接时有何要求？

答：（1）连接前应清除连接部位的氧化物。

（2）圆钢搭接长度应为其直径的 6 倍，并应双面施焊。

（3）扁钢搭接长度应为其宽度的 2 倍，并应四面施焊。

276. 电力系统过电压产生的原因及特点是什么?

答:(1)大气过电压:由直击雷引起,特点是持续时间短暂,冲击性强,与雷击活动强度有直接关系,与设备电压等级无关。

(2)工频过电压:由长线路的电容效应及电网运行方式的突然改变引起,特点是持续时间长,过电压倍数不高,一般对设备绝缘危害不大。

(3)操作过电压:由电网内开关操作引起,特点是具有随机性,但在不利情况下的过电压倍数较高。

(4)谐振过电压:电力系统中,一些电感、电容元件在系统进行操作或发生故障时,可形成各种振荡回路,在一定的能源作用下,会产生串联谐振现象,导致系统某些元件出现严重的过电压。

277. 什么是铜耗?

答:铜耗(短路损耗)指一、二次电流流过导体电阻所消耗的能量之和,因为导体多用铜导线制成,所以称为铜耗。它与电流的平方成正比。

278. 什么是铁耗?

答:铁耗指元件在交变电压下产生的励磁损耗与涡流损耗。

279. 电能损耗中的理论线路损耗由哪几部分组成?

答:电能损耗中的理论线路损耗由可变损耗和固定损耗组成。

(1)可变损耗。其大小随着负荷的变动而变化,它与元件中的负荷功率或电流的二次方成正比。可变损耗包括线路、导线、变压器、电感器、消弧线圈等设备的铜耗。

(2)固定损耗。其与通过元件的负荷功率的电流无关,与电压有关。固定损耗包括线路、导线、变压器、电感器、消弧线圈等设备的铁耗,110kV及以上电压架空线路的电晕损耗,电缆、电容器的绝缘介质损耗,绝缘子漏电损耗,电流、电压互感器的铁耗等。

280. 电气上的“地”是什么?

答: 电位等于零的地方称为电气上的“地”。

281. 防雷系统的作用是什么?

答: 防雷系统是一个整体的防护系统，分为内、外两个防雷系统。外部防雷系统主要对直击雷进行防护，保护人身和室外设备安全；内部防雷系统防护雷击产生的电磁感应，保护设备不受损伤。

282. 外部防雷系统主要由哪几部分组成?

答: 外部防雷系统主要由接闪器、引下线和接地装置组成。

283. 常见的接闪器有哪几种?

答: 常见的接闪器有独立避雷针，建筑物上的避雷针、避雷带，电力线路上的避雷线等。

284. 什么是接地、接地体、接地线、接地装置?

答: 在电力系统中，将设备和用电装置的中性点、外壳或支架与接地装置用导体进行良好的电气连接叫作接地。接地是为保证电气设备正常工作和人身安全而采取的一种用电安全措施，常用的有保护接地、工作接地、防雷接地、屏蔽接地、防静电接地等。

直接与土壤接触的金属导体称为接地体。

连接设备和接地体的导线称为接地线。

接地装置由接地体和接地线组成。

285. 什么是对地电压? 什么是接地电阻?

答: 对地电压就是以大地为参考点，带电体与大地之间的电位差。电气设备接地时的对地电压指电气设备发生接地故障时，接地设备的外壳、接地线、接地体等与零电位点之间的电位差。

接地电阻就是通过接地装置泄放电流时表现出的电阻，它在数值上等于流过接地装置入地的电流与这个电流产生的电压降之比。

286. 什么是避雷针？

答：避雷针又名防雷针，是用来保护建筑物等避免雷击的装置。在高大建筑物顶端安装一根金属棒，用金属线与埋在地下的一块金属板连接起来，利用金属棒的尖端放电，使云层所带的电和地上的电逐渐中和，从而不会引发事故。

287. 避雷针的作用是什么？

答：避雷线和避雷针的作用是从被保护物体上方引导雷电通过，并安全泄入大地，防止雷电直击，减小在其保护范围内的电气设备（架空输电线路及通电设备）和建筑物遭受直击雷的概率。

288. 什么是避雷器？

答：避雷器是保护设备免遭雷电冲击波袭击的设备。当沿线路传入的雷电冲击波超过避雷器的保护水平时，避雷器首先放电，并将雷电流经过良导体安全地引入大地，利用接地装置使雷电压幅值限制在被保护设备的雷电冲击水平以下，使电气设备受到保护。

289. 避雷器的作用是什么？

答：避雷器的作用是通过并联放电间隙或非线性电阻，对入侵流动电波进行削幅，降低被保护设备所承受的过电压值。避雷器既可用来防护大气过电压，又可用来防护操作过电压。

290. 避雷器的主要类型有哪几种？

答：避雷器主要有 4 种类型，即保护间隙、管式避雷器、阀式避雷器和氧化锌避雷器。

291. 避雷器与避雷针作用的区别是什么?

答: 避雷器主要是防感应雷的，避雷针主要是防直击雷的。

292. 什么是避雷器的持续运行电压?

答: 允许持久的加在避雷器端子间的工频电压有效值称为该避雷器的持续运行电压。

293. 金属氧化物避雷器的保护性能有何优点?

答: (1) 金属氧化物避雷器无串联间隙，动作快，伏安特性平坦，残压低，不产生截波。

(2) 金属氧化物阀片允许通流能力大、体积小、质量小，且结构简单。

(3) 续流极小。

(4) 伏安特性对称，对正极性、负极性过电压保护的水平相同。

294. 氧化锌避雷器有什么优点?

答: 氧化锌避雷器一般无间隙，内部由氧化锌阀片组成。氧化锌避雷器取消了传统避雷器不可缺少的串联间隙，避免了间隙电压分布不均匀的缺点，提高了保护的可靠性，易于与被保护设备的绝缘配合。

正常运行电压下，氧化锌阀片呈现极高的阻值，通过它的电流只有微安级，对电网的运行影响极小。

当系统出现过电压时，它有优良的非线性特性和陡波响应特性，使其有较低的陡波残压和操作波残压，在绝缘配合上增大了陡波和操作波下的保护度。

氧化锌避雷器阀片非线性系数为 30～50，在标称电流动作负载时无续流，吸收能量少，大大改善了避雷器的耐受多重雷击的能力。

通流能力大，耐受暂时工频过电压的能力强。

295. 避雷器在投入运行前的检查内容有哪些?

答: (1) 避雷器的绝缘电阻允许值与其所在系统电压等级的设备允许值相同。

(2) 下部引线接头应紧固, 无断线现象。

(3) 外部绝缘子套管应完整, 无放电痕迹。

(4) 接地线完好, 接触紧固, 接地电阻符合规定。

(5) 雷电记录器应完好。

296. 避雷器运行中有哪些注意事项?

答: (1) 避雷器检修后, 应由高压试验人员做工频放电试验, 并测量绝缘电阻阻值。能否投入运行由工作负责人做出书面交代。

(2) 除检查试验工作时间外, 全年应投入运行。

(3) 每次雷击或系统发生故障后, 应对避雷器进行详细检查, 并将放电记录器指示的数值记入避雷器动作记录簿。

297. 雷雨后, 避雷器有何特殊检查项目?

答: (1) 仔细听内部是否有放电声音。

(2) 外部绝缘子套管是否有闪络现象。

(3) 检查雷电动作记录器是否已动作, 并做好记录。

298. 允许联系处理的避雷器事故有哪些?

答: 发现以下现象可以联系停电, 由检修人员处理。

(1) 避雷器内部有轻微的放电声。

(2) 瓷套管有轻微的闪络痕迹。

299. 需要立即停用避雷器的故障有哪些?

答: (1) 瓷套管爆炸或有明显的裂纹。

(2) 引线折断。

(3) 接地线接触不良。

300. 什么是浪涌保护器？其作用是什么？

答：浪涌保护器又名防雷器，是一种为各种电力设备、仪器仪表、通信线路等提供安全防护的装置。

作用：当电气回路或者通信线路中因为外界的干扰突然产生尖峰电流或者电压时，浪涌保护器能在极短的时间内导通分流，从而避免浪涌对回路中其他设备的损害。

301. 避雷器与浪涌保护器有何区别？

答：（1）应用范围不同（电压）：避雷器的应用范围广泛，而浪涌保护器一般指1kV以下使用的过电压保护器。

（2）保护对象不同：避雷器是保护电气设备的，而浪涌保护器一般是保护二次信号回路或电子仪器仪表等末端供电回路的。

（3）绝缘水平或耐压水平不同：电气设备和电子设备的耐压水平不在一个数量级上，保护装置的残压应与保护对象的耐压水平匹配。

（4）安装位置不同：避雷器一般安装在一次系统上，而浪涌保护器多安装于二次系统上。

（5）通流容量不同：避雷器的通流容量较大，浪涌保护器的通流容量一般不大。

（6）浪涌保护器在设计上比普通防雷器精密得多，适用于低压供电系统的精细保护；避雷器在响应时间、限压效果、综合防护效果、抗老化特性等方面都达不到浪涌保护器的水平。

（7）避雷器的主材质多为氧化锌，而浪涌保护器的主材质根据抗浪涌等级的不同是不一样的。

302. 各种电力系统接地电阻的允许值是多少？

答：高压大接地短路电流系统：$R\leqslant0.5\Omega$。

高压小接地短路电流系统：$R\leqslant10\Omega$。

低压电力设备：$R\leqslant4\Omega$。

303. 接地装置的巡视内容有哪些?

答:（1）电气设备接地线、接地网的连接有无松动、脱落现象。

（2）接地线有无损伤、腐蚀、断股，固定螺栓是否松动。

（3）地中埋设件是否被水冲刷、裸露地面。

（4）接地电阻是否超过规定值。

304. 保护间隙的工作原理是什么?

答:保护间隙由一个带电极和一个接地极构成，两极之间相隔一定距离构成间隙。它平时并联在被保护设备旁，在过电压侵入时，间隙先行击穿，把雷电流引入大地，从而保护了设备。

305. 电气设备中的铜、铝接头为什么不直接连接?

答:如把铜和铝用简单的机械方法连接在一起，特别是在潮湿并含盐分的环境中，铜、铝接头相当于浸泡在电解液内的一对电极，而形成电位差。在电位差作用下，铝会很快地丧失电子而被腐蚀掉，从而使电气接头慢慢松弛，造成接触电阻增大。当流过电流时，接头发热，温度升高不但会引起铝本身的塑性变形，更会使接头部分的接触电阻增大，直到接头烧毁为止。因此，电气设备的铜、铝接头应采用经闪光焊接在一起的铜铝过渡接头后，再分别连接。

306. 系统发生振荡时的现象有哪些?

答:（1）变电站内的电流表、电压表和功率表的指针呈周期性摆动，如有联络线，表计的摆动最明显。

（2）距系统振荡中心越近，电压表指针摆动越大，白炽灯忽明忽暗，非常明显。

307. 哪些操作容易引起过电压?

答:（1）切空载变压器过电压。

（2）切、合空载线路过电压。

(3) 弧光接地过电压。

308. 分频谐振过电压的现象及处理方法是什么?

答: 现象:三相电压同时升高,表计有节奏地摆动,电压互感器内发出异常声响。

处理办法:

(1) 投入消弧电阻柜或消弧线圈。

(2) 投入或断开空线路。

(3) 电压互感器开口三角绕组经电阻短接或直接短接 3～5s。

(4) 投入谐振消除装置。

309. 铁磁谐振过电压的现象和处理方法是什么?

答: 现象:三相电压不平衡,一或二相电压升高超过线电压。

处理方法:

(1) 改变系统参数。

(2) 投入母线上的线路。

(3) 投入母线。

(4) 投入母线上的备用变压器或站用变压器。

(5) 将电压互感器开口三角侧短接。

(6) 投、切电容器或电感器。

310. 微机型铁磁谐振消除装置的工作原理是怎样的?

答: 微机型谐振消除装置可以实时监测电压互感器开口三角处的电压和频率,当发生铁磁谐振时,装置瞬时启动无触点开关,将开口三角绕组瞬间短接,产生强大阻尼,从而消除铁磁谐振。

若启动谐振消除元件瞬间短接后,谐振仍未消除,则装置再次启动谐振消除元件,出于对电压互感器安全的考虑,装置共可启动三次谐振消除元件。若在三次启动过程中,谐振被成功消除,则装置的谐振指示灯点亮,以提示曾有铁磁谐振发生,查看记录后谐振灯熄灭;若谐振未消除,则装置的过电压指示灯亮,同时过电压报警报出与动作,过电压消失后恢复正常。

311. 什么是电压不对称度？

答：中性点不接地系统在正常运行时，由于导线的不对称排列，各相对地电容不相等，造成中性点具有一定的对地电位，这个对地电位叫作中性点位移电压，也叫作不对称电压。不对称电压与额定电压的比值叫作电压不对称度。

312. 设备的接触电阻过大有什么危害？

答：（1）使设备的接触点发热。

（2）时间过长，缩短设备的使用寿命。

（3）严重时可引起火灾，造成经济损失。

313. 常用的减少接触电阻的方法有哪些？

答：（1）磨光接触面，扩大接触面。

（2）加大接触部分的压力，保证可靠接触。

（3）涂抹导电膏，采用铜铝过渡线夹。

314. 导电脂与凡士林相比有何特点？

答：（1）导电脂本身是导电体，能降低连接面的接触电阻。

（2）导电脂温度达到 150℃以上才开始流动。

（3）导电脂的黏滞性较凡士林好，不会过多降低接头摩擦力。

315. 事故处理的一般原则是什么？

答：（1）尽快判明事故的性质和范围，限制事故的发展，消除事故根源，解除对人身和设备的威胁。

（2）尽可能保持无故障设备的正常运行。

（3）尽快将已停电的设备恢复供电。

（4）调整系统运行方式，使其恢复正常。

316. 事故处理的正确流程是什么？

答：（1）简明、正确地将事故情况向调度及有关领导汇报，并做好记录。

(2) 根据表计和保护、信号及自动装置的指示、动作情况与外部象征来分析、判断事故。

(3) 当事故对人身和设备有威胁时，应立即设法解除，必要时停止设备的运行，否则，应设法恢复或保持设备的正常运行，应特别注意对未直接受到损害的设备进行隔离，保证其正常运行。

(4) 迅速进行检查试验，判明故障的性质、地点及范围。

(5) 对故障设备，在判明故障的部分及性质后，通知相关人员进行处理。同时，值班人员应做好准备工作，如断开电源、装设安全措施等。

(6) 为防止事故扩大，必须主动将事故处理的每一阶段迅速而正确地汇报值长。

第二节 变 电 站

317. 变电站的作用是什么?

答: (1) 变换电压等级。

(2) 汇集电流。

(3) 分配电能。

(4) 控制电能的流向。

(5) 调整电压。

318. 变电站一次设备主要有哪些?

答: 变电站一次设备主要有不同电压等级的母线、主变压器、站用变压器、无功功率补偿装置、小电流接地装置、电压互感器、电流互感器、断路器、隔离开关等。

319. 母线的作用是什么?

答: 母线的作用是汇集、分配和传送电能。

320. 母线有几种类型?

答: 母线按外形和结构，大致分为以下 3 类。

(1) 硬母线：包括矩形母线、槽形母线、管形母线等。

(2) 软母线：包括铝绞线、铜绞线、钢芯铝绞线、扩径空心导线等。

(3) 封闭母线：包括共箱封闭母线、离相封闭母线等。

321. 母线运行中有哪些检查项目？

答：(1) 瓷绝缘子应清洁，无裂纹、破损和放电现象。

(2) 各部接头无松动、脱落及振动和过热现象。

(3) 隔离开关接触良好，无过热、放电现象。

(4) 各连杆销子无断裂、脱落现象。

(5) 无搭挂杂物。

(6) 封闭母线无过热、异常声响、放电现象。

(7) 室内照明、通风良好，无漏水现象。

322. 为什么室外母线接头易发热？

答：室外母线要经常受到风、雨、雪、日晒、冰冻等侵蚀。这些都可促使母线接头加速氧化、腐蚀，使得接头的接触电阻增大，温度升高。

323. 为什么硬母线要装设伸缩接头？

答：物体都有热胀冷缩特性，母线在运行中会因发热而使长度发生变化。为避免因热胀冷缩的变化使母线和支持绝缘子受到过大的应力并损坏，应在硬母线上装设伸缩接头。

324. 风电场常见母线接线方式有哪几种？各有何特点？

答：一般有以下3种。

(1) 单母线接线。单母线接线具有简单清晰、设备少、投资小、运行操作方便，且有利于扩建等优点，但可靠性和灵活性较差。当母线或母线隔离开关发生故障或检修时，必须断开母线的全部电源。

(2) 单母线分段接线。当一段母线有故障时，分段断路器在继电保护的配合下自动跳闸，切除故障段，使非故障母线保持正常供电。对于重要用户，可以从不同的分段上取得电源，保证不中断供电。

(3) 双母线接线。双母线接线具有供电可靠、检修方便、调度灵活和便于扩建等优点。但这种接线所用设备较多，特别是隔离开关，其配电装置复杂、经济性较差，在运行中，隔离开关作为操作电器，容易发生误操作。

325. 母线运行中，对温度如何规定？

答：母线各连接部分的最高温度不应超过 70℃（环境温度 25℃）。

封闭母线的允许最高温度为 90℃，外壳的允许最高温度为 65℃。

326. 什么是变压器？

答：变压器是将交变电压升高或降低，而电压频率不变，进行能量传递而不能产生电能的一种电气设备。

327. 变压器的作用是什么？

答：变压器的作用是变换电压，以利于功率的传输。

升压变压器升压后，可以减少线路损耗，提高送电的经济性，达到远距离送电的目的。

降压变压器能把高电压变为用户所需要的各级使用电压，满足用户需要。

328. 变压器的基本工作原理是什么？

答：变压器由一次绕组、二次绕组和铁芯组成，当一次绕组加上交流电压时，铁芯中产生交变磁通，但一、二次绕组的匝数不同，一、二次感应电动势的大小就不同，从而实现了变压的目的，一、二次感应电动势之比等于一、二次匝数之比。

329. 变压器按不同方式分为哪些种类？

答：（1）按相数分，有单相和三相的。

（2）按绕组和铁芯的位置分，有内铁芯式和外铁芯式。

（3）按冷却方式分，有干式自冷、风冷、强迫油循环风冷和水冷。

（4）按中性点绝缘水平分，有全绝缘和半绝缘。

（5）按绕组材料分，有 A、E、B、F、H 五级绝缘。

（6）按调压方式可分为有载调压和无载调压。

330. 变压器主要由哪些部件组成？

答：变压器主要由铁芯、绕组、分接开关、油箱、储油柜、绝缘油、套管散热器、冷却系统、呼吸器、过滤器、防爆管、油位计、温度计、气体继电器等部件组成。

331. 变压器有哪几种调压方法？

答：变压器调压方法有两种，一种是停电情况下，改变分接头进行调压，即无载调压；另一种是带负荷调整电压，即有载调压。

332. 变压器分接头为何多放在高压侧？

答：变压器分接头一般都从高压侧抽头，主要是考虑高压绕组一般在外侧，抽头引出连接方便。另外，高压侧电流相对于其他侧要小些，引出线和分接开关的载流部分的导体截面小些，接触不良的影响较易解决。

从原理上讲，抽头从哪一侧抽都可以，要进行经济技术比较，如 500kV 大型降压变压器的抽头就放在低压侧。

333. 变压器有载分接开关的操作应遵守哪些规定？

答：（1）有载调压装置的分接变换操作，应按调度部门确定的电压曲线或调度命令，在电压允许偏差的范围内进行。

（2）分接变换操作必须在一个分接变换完成后，方可进行第二次分接变换。操作时，应同时观察电压表和电流表的指示。

（3）分接开关一天内分接变换次数不得超过下列范围：35kV电压等级为20次，110kV及以上电压等级为10次。

（4）每次分接变换，应核对系统电压与分接额定电压间的差距，使其符合相关规程的规定。

（5）每次分接变换操作，均应按要求在有载分接开关操作记录簿上做好记录。

334. 变压器有载调压装置动作失灵有何原因？

答：（1）操作电源的电压消失或过低。

（2）电动机绕组断线烧毁，启动电动机失电压。

（3）联锁触点接触不良。

（4）传动机构脱扣及销子脱落。

335. 有载调压分接开关故障有何原因？

答：（1）辅助触头中的过渡电阻在切换过程中被击穿烧断。

（2）分接开关密封不严而进水，造成相间短路。

（3）由于触头滚轮卡住，分接开关停在过渡位置，造成匝间短路而烧坏。

（4）分接开关油箱缺油。

（5）调压过程中遇到穿越故障电流。

336. 什么是变压器的不平衡电流？有什么要求？

答：变压器的不平衡电流是就三相变压器绕组之间的电流差而言的。

三相三线式变压器中，各相负荷的不平衡度不许超过20%。在三相四线式变压器中，不平衡电流引起的中性线电流不许超过低压绕组额定电流的25%。如不符合上述规定，应进行调整负荷。

337. 变压器各主要参数是什么？

答：变压器的主要参数有额定电压、额定电流、额定容量、空载电流、空载损耗、短路损耗、阻抗电压、绕组连接图、相量图及联结组标号。

338. 变压器的额定容量指什么？用什么表示？

答：变压器的额定容量指该变压器所输出的空载电压和额定电流的乘积，通常以千伏安表示。

339. 什么是变压器的短路电压？

答：将变压器二次侧短路，一次侧加压使电流达到额定值，这时一次侧所加的电压叫做短路电压，短路电压一般用百分值表示，通常是短路电压与额定电压的百分比。

340. 变压器的温度和温升有什么区别？

答：变压器的温度指变压器本体各部位的温度，温升指变压器本体温度与周围环境温度的差值。

341. 什么是全绝缘变压器？什么是半绝缘变压器？

答：半绝缘变压器指靠近中性点部分绕组的主绝缘的绝缘水平比端部绕组的绝缘水平低，全绝缘变压器指绕组首端与尾端的绝缘水平相同。

342. 变压器中的油起什么作用？

答：变压器中的油的作用是绝缘、冷却，在有载开关中用于熄弧。

343. 怎样判断变压器油质好坏？如何处理？

答：（1）外状。若目测变压器油不透明，有可见杂质、悬浮物或油色太深，则为油外观异常；若油模糊不清、浑浊发白，表明油中含有水分，应检查含水量；若发现油中含有碳颗粒，油色发黑，甚至有焦臭味，则可能是变压器内部存在电弧或局部放电故障，有必要进行油的色谱分析；若油色发暗，而且油的颜色有明显改变，则应注意油的老化是否加速，可结合油的酸值试验分析，并加强油的运行温度的监控。

(2) 酸值。其超极限值为大于0.1mgKOH/g。调查原因，增加试验次数，测定抗氧剂含量并适当补加，进行油的再生处理，若经济合理可进行换油处理。

(3) 水溶性酸。其超极限pH值为小于4.2。增加试验次数，并与酸值比较查明原因，进行油的再生处理，若经济合理可进行换油处理。

(4) 击穿电压。其超极限值根据设备电压等级的不同而不同，220kV、35kV及以下的设备的超极限值依次为小于35kV、小于30kV。查明原因，进行真空滤油处理或更换新油。

(5) 闪点。其超极限值为小于130℃或者比前次试验值下降5℃。查明原因，消除故障。进行真空脱气处理或进行换油处理。

(6) 水分。其超极限值根据设备电压等级的不同而不同。220kV、110kV及以下的设备的超极限值依次为大于25mg/L、大于35mg/L。处理方式：更换呼吸器内的干燥剂，降低运行温度，采用真空滤油处理。

(7) 介质损耗因数(90℃)。其超极限值根据设备电压等级的不同而不同。330kV及以下的设备为大于0.04。检查酸值、水分、界面张力，进行油的再生处理或更换新油。

(8) 界面张力。其超极限值为19mN/m。结合酸值、油泥的测定采取措施，进行的再生处理或更换新油。

(9) 油泥与沉淀物。进行油的再生处理，如果经济合理，可考虑换油。

(10) 溶解气体组分含量。主变压器油中溶解气体含量超极限值：H_2>150μL/L，C_2H_2>5μL/L，总烃>150μL/L。进行追踪分析，彻底检查设备，找出故障点，消除隐患，进行油的真空脱气处理。

344. 变压器上层油温如何规定？

答：对于自然循环风冷的变压器，在上层油温为55℃时开启风扇，45℃时停止风扇。

当风扇故障停止运行后，当上层油温不超过65℃时，允许带额定负荷运行。

345. 变压器油位的变化与哪些因素有关?

答: 变压器的油位在正常情况下随着油温的变化而变化，由于油温的变化直接影响变压器油的体积，使油位计内的油面上升或下降。

影响油温变化的因素有负荷的变化、环境温度的变化、内部故障及冷却装置的运行状况等。

346. 变压器缺油对运行有什么危害?

答: 变压器油面过低会使轻瓦斯动作，严重缺油时，铁芯和绕组暴露在空气中容易受潮，并可能造成绝缘击穿。

347. 变压器的冷却方式有哪几种?

答: 变压器的冷却方式有干式自冷、风冷、强迫油循环风冷和水冷。

348. 变压器的储油柜起什么作用?

答: 当变压器油的体积随着油温的变化而膨胀或缩小时，储油柜起储油和补油的作用，以此来保证油箱内充满油。同时，由于装了储油柜，变压器与空气的接触面减小，减缓了油的劣化速度。储油柜的侧面还装有油位计，可以监视油位变化。

349. 变压器防爆管或压力释放阀的作用是什么?

答: 变压器防爆管或压力释放阀的作用：安装在变压器箱盖上，作为变压器内部发生故障时，防止油箱内产生过高压力的保护。现代多数采用压力释放阀，当变压器内部发生故障，压力升高时，压力释放阀动作，并接通触头报警或跳闸。

350. 变压器呼吸器的作用是什么?

答: 变压器呼吸器的作用：作为变压器的吸入或排出空气的通道，吸收进出空气中的水分，以减少水分的侵入，减缓油的劣化速度。

351. 怎样判断呼吸器内的干燥剂是否失效?

答: 若发现大部分硅胶由原来的蓝色变为红色或紫色（用溴化铜处理过的硅胶则由原来的黑色变为淡绿色），则说明干燥剂已潮解失效，边沿油已受潮，需要更换经干燥处理过的硅胶。

352. 变压器调压装置的作用是什么?

答: 变压器调压装置的作用是变换绕组的分接头，改变高、低压侧绕组的匝数比，从而调整电压，使电压保持稳定。

353. 温度计有什么作用? 有几种测温方法?

答: 温度计是用来测量油箱里面上层油温、绕组温度的，起到监视电力变压器是否正常运行的作用。

温度计按变压器容量大小可分为水银温度计测温、信号温度计测温、电阻温度计测温 3 种测温方法。

354. 什么是变压器的联结组别?

答: 变压器的联结组别是变压器的一次和二次电压（或电流）的相位差，它按照一、二次绕组的绕向、首、尾端标号及连接的方式而定，并以时钟针形式排列为 0～11 共 12 个组别。

355. 二卷变压器常用的联结组别有哪几种?

答: 二卷变压器常用的联结组别有YNd11，Yd11，Yyn0。

356. 变压器正常运行时，绕组的哪部分最热?

答: 绕组和铁芯的温度都是上部高、下部低。一般油浸式变压器绕组最热的部分是在高度方向的 70%～75%处，横向的 1/3

处，每台变压器绕组的最热点应由试验决定。

357. 怎样判断变压器的温度变化是正常还是异常？

答：变压器在正常运行中，铁芯和线圈中的损耗转化为热量，引起各部发热，温度升高。当发热和散热达到平衡时，各部温度稳定，这时温度的变化随负荷变化而变化。

若在正常负荷及冷却条件下，温度比平时高出10℃以上，或负荷不变，温度不断上升，则认为变压器内部发生了故障。

358. 什么原因会使变压器发出异常声响？

答：变压器发出异常声响的主要原因：过负荷；内部接触不良，放电打火；个别零件松动；系统中有接地或短路等。

359. 能否根据声音判断变压器的运行情况？怎样判断？

答：可以根据运行的声音来判断变压器的运行情况。

用木棒的一端放在变压器的油箱上，另一端放在耳边仔细听声音，如果是连续的嗡嗡声且比平常声音加重，就要检查电压和油温，若无异状，则多是铁芯松动。当听到吱吱声时，要检查套管表面是否有闪络的现象。若听到噼啪声，则是内部绝缘击穿现象。

360. 电压过高或过低对变压器有什么影响？

答：当运行电压超过额定电压时，变压器铁芯的饱和程度增加，空载电流增大，电压波形中的高次谐波成分增大，超过额定电压过多会引起电压和磁通的波形发生严重畸变。

当运行电压低于额定电压时，对变压器本身没有影响，但若低于额定电压过多，将影响供电质量。

361. 正常运行中的变压器做哪些检查？

答：（1）变压器声音是否正常。

（2）瓷套管是否清洁，有无破损、裂纹及放电痕迹。

（3）油位、油色是否正常，有无渗油现象。

（4）变压器温度是否正常。

（5）变压器接地是否完好。

（6）电压值、电流值是否正常。

（7）各部位螺栓有无松动。

（8）二次引线接头有无松动和过热现象。

362. 干式变压器的正常检查维护内容有哪些？

答：（1）高、低压侧接头无过热现象，电缆头无过热现象。

（2）根据变压器采用的绝缘等级，监视温升不得超过规定值。

（3）变压器室内无异味，声音正常，室温正常，其室内通风设备良好。

（4）支持绝缘子无裂纹、放电痕迹。

（5）变压器室内屋顶无漏水、渗水现象。

363. 对变压器检查的特殊项目有哪些？

答：（1）系统发生短路或变压器因故障跳闸后，检查有无爆裂、移位、变形、烧焦、闪络及喷油等现象。

（2）在降雪天气时，检查引线接头有无落雪熔化或蒸发、冒气现象，导电部分有无冰柱。

（3）在大风天气时，检查引线有无强烈摆动。

（4）在雷雨天气时，检查瓷套管有无放电、闪络现象，并检查避雷器的放电记录仪的动作情况。

（5）在大雾天气时，检查瓷绝缘子、套管有无放电、闪络现象。

（6）在气温骤冷或骤热时，检查变压器油位及油温是否正常，伸缩节有无变形或发热现象。

（7）变压器过负荷时，检查冷却系统是否正常。

364. 变压器冷却装置运行时有哪些规定？

答：（1）油浸风冷变压器的上层油温未达到55℃时，可以不开启风扇，在额定负荷下运行；如超过55℃，风扇应投入运行。

（2）油浸风冷变压器，当冷却系统故障，将风扇停止运行后，顶层油温不超过65℃时，允许带额定负载运行。

365. 为何主变压器停、送电时，要合上中性点接地开关？

答：由于主变压器高压侧断路器合、分操作时，易产生三相不同期或某相合不上、拉不开的情况，可能在高压侧产生零序过电压，该电压传递给低压侧后，会引起低压绕组绝缘损坏。

如果在操作前合上接地开关，可有效地限制过电压，保护绝缘。

366. 变压器发生哪些情况须立即拉开电源？

答：（1）外壳破裂，大量流油。

（2）冒烟着火。

（3）防爆管玻璃破裂，向外大量喷油、喷烟。

（4）套管引线接头熔断，套管闪络炸裂。

（5）在正常负荷及冷却条件下，温度、温升超过规定值并继续升高。

367. 变压器有哪些接地点？各接地点起什么作用？

答：（1）绕组中性点接地：为工作接地，构成大电流接地系统。

（2）外壳接地：为保护接地，防止外壳上的感应电压过高而危及人身安全。

（3）铁芯接地：为保护接地，防止铁芯的静电电压过高使变压器铁芯与其他设备之间的绝缘损坏。

368. 变压器差动保护动作时应如何处理？

答：变压器差动保护主要保护变压器内部发生的严重匝间短路、单相短路、相间短路等故障。

差动保护正确动作，变压器跳闸，变压器有明显的故障特征

（如喷油、瓦斯保护同时动作），故障变压器不准投入运行，应进行检查、处理。若差动保护动作，变压器外观检查没有发现异常现象，则应对差动保护范围以外的设备及回路进行检查，查明确属其他原因后，变压器方可重新投入运行。

369. 变压器重瓦斯保护动作后应如何处理？

答：变压器重瓦斯保护动作后，值班人员应进行下列检查。

（1）变压器差动保护是否动作。

（2）重瓦斯保护动作前，电压、电流有无波动。

（3）防爆管和吸湿器是否破裂，释压阀是否动作。

（4）气体继电器内部是否有气体，收集的气体是否可燃。

（5）直流系统是否接地。

若通过上述检查，未发现任何故障迹象，则可初步判定重瓦斯保护误动。

在变压器停电后，应联系检修人员测量变压器绕组的直流电阻及绝缘电阻，并对变压器油做色谱分析，以确认是否为变压器内部故障。在未查明原因，未进行处理前，变压器不允许再投入运行。

370. 变压器着火如何处理？

答：（1）立即断开各侧电源的断路器，然后进行灭火。

（2）如果油在变压器顶盖上燃烧，应立即打开变压器底部放油阀，将油面降低。

（3）如果变压器外壳裂开着火，应将变压器内的油全部放掉。

（4）如果油箱没有破损，可用干粉、1211、二氧化碳等灭火剂进行扑救。

（5）当油箱破裂，大量油流出燃烧，火势凶猛时，切断电源后可用喷雾水或泡沫扑救，流散的油火也可用沙土压埋或挖沟将油集中用泡沫扑救。

371. 什么是箱式变电站？

答：箱式变电站是一种将高压开关设备、配电变压器和低压配电装置，按一定接线方案排成一体的，在工厂预制的紧凑式配电设备，最初适用于城网建设与改造，分为欧式、美式两种。

372. 什么是欧式箱式变电站?

答: 欧式箱式变电站的体积比美式箱式变电站要高、要大，造价也比美式箱式变电站要高，高压侧有电动机构，且供电可靠性高、噪声低，可根据用户需要设置配电自动化装置，有改造空间，传统上适用于较重要的负荷供电。

373. 什么是美式箱式变电站?

答: 美式箱式变电站体积小、成本低，但供电可靠性低、高压侧无电动机构、无法增设配电自动化装置、噪声较高，传统上适用于不重要的负荷用电。

374. 箱式变电站的使用有何注意事项?

答: (1) 开箱验收检查后，在设备未投入运行前，应将其置于干燥、通风处。

(2) 运行前，要检查压力释放阀能正常开启。

(3) 对熔断器的操作需在断电的状态下进行。

(4) 无励磁分接开关不能带负荷操作。

(5) 对设备进行接地、试验、隔离和合闸操作都要使用绝缘操作杆。

(6) 负荷开关只能开断额定电流，不能开断短路电流。

(7) 变压器不可长期过载、缺相运行，否则将影响其使用寿命。

375. 美式箱式变电站的通电步骤是什么?

答: (1) 通电前，将高压负荷开关和低压主开关处于断开位置，检查确定高、低压各系统的绝缘是否合格。

(2) 操作时，将高压室门及低压配电柜的柜门分别关闭。

(3) 用绝缘操作杆合高压负荷开关，使变压器处于空载运行状态，查看变压器有无异常（主要检查电压及变压器运行声音是否平稳）。

（4）合低压配电柜主开关。

（6）观察指示仪表的工作情况。

376. 箱式变电站的维护和保养项目有哪些？

答：（1）高、低压套管及绝缘子、传感器必须保持清洁，定期将其上面的灰尘等擦拭干净，并且检查套管等表面有无裂纹、放电、闪络现象，如有，应立即更换。

（2）检查箱沿、套管、片散等密封垫的松紧程度，如有松动，则用力矩扳手紧固。

（3）正常运行情况下，应定期取油样化验。

（4）若油位指示低于警示位置，应对组合式变压器进行注油。注油前，必须先释放油箱内可能存在的压力，打开低压室内的注油塞，注入相同牌号、试验合格的变压器油，注油完毕马上将注油塞拧紧。在注油的过程中，应注意避免夹带气泡进入油箱，组合式变压器在充油后再送电的时间间隔必须在12h以上，以保证油中的气泡逸出。

（5）每年在雷雨季节前对氧化锌避雷器进行预防性试验。

（6）检查35kV的熔断器是否过热、渗油。

（7）低压配电柜应定期保养与试验，每年至少一次，使用环境条件较差时，应增加保养次数，处理松动的电气连接点，修整烧伤的接触面，更换失去弹性的弹簧垫，拧紧各连接螺栓。

（8）更换易损件及不良的垫圈设备和元件。

（9）检修低压开关及接触器的触头和灭弧罩。

（10）检查接地是否可靠，拧紧接地螺栓。

（11）测量高、低压侧绕组的直流电阻。

（12）测量高、低压电气元件及二次回路的绝缘电阻。

377. 更换高压熔断器有何注意事项？

答：（1）熔断件更换时，应戴上干净的棉布手套（防止操作时手柄或熔断件受污染，影响绝缘性能）。

（2）旋下红色帽盖，将手柄、熔断件和接触件整体从熔断器底座内拔出、用清洁的棉布将熔断器底座内壁和手柄擦干净。

（3）用一字形螺钉旋具将手柄和熔断件的侧向锁紧螺钉松开，拔出需要更换的熔断件，更换新熔断件，并锁紧侧向锁紧螺钉。

（4）检查熔断器底座的内壁、手柄和熔断件，确保它的清洁，然后将手柄、新熔断件和接触件按以下方法插入底座：一手托住熔断件中间部位偏向前端，一手握住手柄中段，将接触弹簧处对准底座孔缓慢插入，插入过程中应目测组合件中心轴与底座中心相对同轴，至另一端接触弹簧插入底座，并进入底座约50mm后，按住手柄顶端，沿底座轴心缓慢推进插入底座，至手柄内端面与O形密封圈接触。

（5）旋上红色帽盖。

378. 熔断器使用有何注意事项？

答：（1）当熔断件熔断后，应换上型号和尺寸等参数相同的新熔断件，切勿以其他器件代替。在更换熔断件时，发现熔断件的熔管发黄或者熔断器绝缘筒内有气雾泄出，属于正常现象。

（2）更换熔断件时，一定要确保在不带电的条件下更换，熔断器不允许用来切换空载线路。

（3）对三相安装的熔断器，除非已肯定仅其中一只承担过故障电流，否则即使一只熔断器动作，其他两只均应更换。

（4）熔断器在使用前应储存在有保护的箱中，任何受过跌落或者其他严重机械冲击的熔断器，在使用前应检查熔断器底座、熔断件及金属部件和熔管有否损伤及是否清洁，熔断器支持件（底座）是否渗漏，并测量熔断件的电阻值。

379. 操作高压负荷开关的注意事项有哪些？

答：（1）操作负荷开关时，必须使用绝缘操作杆进行操作。用绝缘操作杆钩住负荷开关的操作孔，并将绝缘操作杆的钩子收紧（切忌用钩子直接操作负荷开关，以免造成钩子损坏），确认完全套牢后，根据负荷开关的分合指示位置旋转操作杆，直到听到开关动作的声音。操作开关应迅速、准确、果断、有力。

（2）负荷开关只能切断变压器的正常工作电流，不能用于短路电流的切断。

（3）在低压主开关分断后再分断高压负荷开关。以免带负荷切换高压负荷开关时造成拉弧污染变压器油。

380. 什么是接地变压器？

答：接地变压器是人为地制造一个中性点，用来连接接地装置的变压器。当系统发生接地故障时，对正序、负序电流呈高阻抗性，对零序电流呈低阻抗性，使接地保护可靠动作。

381. 接地变压器的作用是什么？

答：（1）供给变电站使用的低压交流电源。

（2）在低压侧形成人为的中性点，同接地电阻柜或消弧线圈相结合，用于发生接地时补偿接地电容电流，消除接地点电弧。

382. 接地变压器的特点是什么？

答：该变压器采用Z形接线（或称曲折形接线），与普通变压器的区别是每相线圈分别绕在两个磁柱上，这样连接的好处是零序磁通可沿磁柱流通，而普通变压器的零序磁通是沿着漏磁磁路流通的，所以Z形接地变压器的零序阻抗很小，而普通变压器的零序阻抗要大得多。

383. 常用的中性点接地方式有哪几种？

答：我国电力系统常用的中性点接地方式有中性点直接接地、中性点不接地、中性点经消弧线圈接地（谐振接地）、中性点经电阻接地这4种方式。

384. 什么是中性点经电阻接地？有何作用？

答：中性点经电阻接地就是在电网中性点与地之间串联接入

一个电阻器。

适当选择所接电阻器的阻值，不仅可以泄放单相接地电弧后半波的能量，从而减少电弧重燃的可能性，抑制电网过电压的幅值，还可以提高继电保护装置的灵敏度以作用于跳闸，从而有效保证系统正常运行。

385. 什么是中性点经消弧线圈接地？有何作用？

答：中性点经消弧线圈接地就是在电网中性点与地之间串联接入一消弧线圈。

消弧线圈的作用主要是对系统的电容电流加以补偿，使接地点电流补偿到较小的数值，防止弧光短路，保证安全供电；降低弧隙电压的恢复速度，提高弧隙绝缘强度，防止电弧重燃而造成间歇性接地过电压。

386. 中性点经消弧线圈接地与经接地电阻柜接地有何区别？

答：（1）电阻柜比消弧线圈好维护，造价较低。

（2）消弧线圈对设备的耐压等级要求比较高。

（3）发生单相接地故障时，消弧线圈可以带电运行 2h，而电阻柜是立即跳闸。

（4）消弧线圈对通信的影响较小。

（5）电阻柜有利于消除电网的谐振。

387. 中性点装设消弧线圈补偿的方式？

答：中性点装设消弧线圈补偿的方式有 3 种：完全补偿、欠补偿、过补偿。

388. 调节消弧线圈分接开关时有什么要求？

答：（1）系统有接地现象时不许操作。

（2）除有载可调消弧线圈，调整消弧线圈分接头位置时，必须将消弧线圈退出运行，严禁非有载可调消弧线圈在带电运行状态下调整分接头。

389. 消弧线圈有什么故障时应立即停用？

答：消弧线圈有以下故障时应立即停用：温度或温升超极限、分接开关接触不良、接地不好、隔离开关接触不好。

390. 什么情况下，消弧线圈应通过停用变压器加以切除？

答：严重漏油、油位计不见油位，且响声异常或有放电声；套管破裂放电或接地；消弧线圈着火或冒烟。

391. SVC 无功功率补偿装置的构成？

答：SVC 无功功率补偿装置一般由可调电抗（通过可控硅单元或硅阀调节）、FC 无源滤波，以及控制和保护系统组成。

392. SVC 无功功率补偿装置分哪几种？各是何原理？

答：SVC 无功功率补偿装置根据可调电感器的调节方式及工作原理的不同，可分为 TCR 型（晶闸管控制的电感器）、TSC 型（晶闸管控制的变压器）、MCR 型（磁控电感器）三种类型。

TCR 型 SVC 无功功率补偿装置是将集合式电容器组和相控电感器作为一个整体并联到电网中，通过晶闸管线性控制电感器来调节感性无功功率的容量，从而实现调节容性无功功率的目的。

TSC 型 SVC 无功功率补偿装置是通过晶闸管的导通和关断来实现电容器组的投入和切除，但无功功率调节的线性度和电容器组的分组数量很难兼顾。

MCR 型 SVC 无功功率补偿装置是将集合式电容器组和磁控电感器作为一个整体并联到电网中，通过改变磁控电感器的饱和程度来调节感性无功功率的容量，从而实现调节容性无功功率的目的。

MCR 型 SVC 无功功率补偿装置和 TCR 型 SVC 无功功率补偿装置在风电场升压站中运用得较普遍，TSC 型 SVC 无功功率补偿装置一般用于低压领域。

393. SVG无功功率补偿装置的工作原理是什么?

答: SVG无功功率补偿装置是当今无功功率补偿领域最新技术的代表，它是利用开关和大功率电力电子器件（如IGBT）组成自换相桥式电路，经过电感器并联在电网上，相当于一个可控的无功电流源，适当地调节桥式电路交流侧输出电压的幅值和相位，或者直接控制其交流侧电流，其无功电流可以快速地跟随负荷无功电流的变化而变化，自动补偿电网系统所需无功功率，对电网无功功率实现动态无级补偿。

394. 为何母线失电压后要立刻拉开未跳闸的断路器?

答: 这主要是从防止事故扩大，便于事故处理，有利于恢复送电三方面综合考虑的。

(1) 可以避免值班人员在处理停电事故或进行系统倒闸操作时，误向故障母线反送电，而使母线再次短路。

(2) 为母线恢复送电做准备，可以避免母线恢复带电后设备同时自启动，拖垮电源。另外，一路一路地试送电，比较容易判断哪条线路发生了越级跳闸。

(3) 可以迅速发现拒跳的断路器，为及时找到故障点提供重要线索。

395. 什么是高压断路器?

答: 高压断路器又称高压开关，它不仅可以切断或闭合高压电路中的空载电流和负荷电流，而且当系统发生故障时，通过继电保护装置的作用，切断过负荷电流和短路电流。它具有相当完善的灭弧结构和足够的断流能力。

396. 断路器的作用是什么?

答: (1) 正常情况下，断路器用来开断和闭合空载电流和负荷电流。

(2) 故障时，通过继电保护动作来断开故障电流，以确保电力系统安全运行。

(3) 配合自动装置完成切除、合闸任务，提高供电可靠性。

397. 高压断路器有哪些基本要求?

答: (1) 工作可靠。

(2) 具有足够的断路能力。

(3) 具有尽可能短的切断时间。

(4) 结构简单、价格低廉。

398. 断路器主要有哪几种类型?

答: 高压断路器按装设地点的不同，分为户内和户外两种形式；按断路器灭弧介质的不同，分为 SF_6 断路器、真空断路器等。

399. 断路器操动机构有哪几种类型?

答: 断路器操动机构主要有以下几种类型。

(1) 手动操动机构（CS 系列）。

(2) 电磁操动机构（CD 系列）。

(3) 弹簧操动机构（CJ 系列）。

(4) 气动操动机构（CQ 系列）。

(5) 液压操动机构（CY 系列）。

400. 什么是断路器自由脱扣?

答: 断路器在合闸过程中的任何时刻，若保护动作接通跳闸回路，断路器能可靠地断开，叫作自由脱扣。

带有自由脱扣的断路器可以保证断路器合于短路故障时能迅速断开，避免扩大事故范围。

401. 为什么断路器都要有缓冲装置?

答: 断路器分、合闸时，导电杆具有足够的分、合速度。但往往当导电杆运动到预定的分、合位置时，仍剩有很大的速度和动能，对机构及断路器有很大的冲击。故需要缓冲装置，以吸收运动系统的剩余动能，使运动系统平稳。

402. 常用开关的灭弧介质有哪几种？

答：（1）真空。

（2）空气。

（3）SF_6 气体。

（4）绝缘油。

403. 断路器灭弧室的作用是什么？灭弧方式有哪几种？

答：断路器灭弧室的作用是熄灭电弧。

灭弧方式有纵吹、横吹及纵横吹。

404. 常用的灭弧法有哪些？

答：常用的灭弧法有速拉灭弧法、冷却灭弧法、吹弧灭弧法、长弧切短灭弧法、狭沟或狭缝灭弧法、真空灭弧法和 SF_6 灭弧法。

405. SF_6 气体有哪些主要的物理性质？

答：SF_6 气体是无色、无味、无毒、不易燃的惰性气体，具有优良的绝缘性能，且不会老化变质，密度约为空气的 5.1 倍，在标准大气压下 62℃时液化。

406. SF_6 气体有哪些良好的灭弧性能？

答：（1）弧柱导电率高，燃弧电压很低，弧柱能量较小。

（2）当交流电流过零时，SF_6 气体的介质绝缘强度恢复速度快，约比空气快 100 倍，即它的灭弧能力比空气的高 100 倍。

（3）SF_6 气体的绝缘强度较高。

407. SF_6 断路器有哪些优点？

答：（1）断口电压高。

（2）允许断路次数多。

（3）断路性能好。

（4）额定电流大。

（5）占地面积小，抗污染能力强。

408. 真空断路器的灭弧原理是什么？

答： 当断路器的动触头和静触头分开的时候，在高电场的作用下，触头周围的介质粒子发生电离、热游离、碰撞游离，从而产生电弧。如果动、静触头处于绝对真空之中，当触头开断时，由于没有任何物质存在，也就不会产生电弧，电路就很容易分断了。

真空断路器灭弧室的真空度非常高，电弧所产生的微量离子和金属蒸汽会极快地扩散，从而受到强烈的冷却作用，一旦电流过零熄弧后，真空间隙介电强度的恢复速度也极快，从而使电弧不再重燃。这就是真空断路器利用高真空来熄灭电弧并维持极间绝缘的基本原理。

409. 真空断路器有哪些特点？

答： 真空断路器具有触头开距小，燃弧时间短，触头在开断故障电流时烧伤轻微等特点，因此真空断路器所需的操作能量小，动作快。它同时还具有体积小、质量小、维护工作量小，能防火、防爆，操作噪声小的优点。

410. 什么是断路器的金属短接时间？

答： 断路器为了满足在分、合闸循环下开断性能的要求，在断路器分、合过程中，动、静触头直接接触的时间叫作金属短接时间。

411. 断路器灭弧罩的作用是什么？

答：（1）引导电弧纵向吹出，借此防止发生相间短路。

（2）使电弧与灭弧室的绝缘壁接触，从而迅速冷却，增加去游离作用，提高弧柱压降，迫使电弧熄灭。

412. 低压开关灭弧罩受潮有何危害？为什么？

答： 受潮会使低压开关的绝缘性能降低，使触头严重烧损，损坏整个开关，以致报废不能使用。

灭弧罩是用来熄灭电弧的重要部件，一般用石棉水泥、耐弧塑料、陶土或玻璃丝布板等材料制成，这些材料制成的灭弧罩如果受潮严重，不但影响绝缘性能，而且使灭弧作用大大降低。在电弧的高温作用下，灭弧罩里的水分被汽化，造成灭弧罩上部的压力增大，电弧不容易进入灭弧罩，燃烧时间加长，使触头严重烧坏，以致整个开关报废不能再用。

413. 为何高压断路器与隔离开关之间要装闭锁装置?

答：因为隔离开关没有灭弧装置，只能接通和断开空载电路，所以在断路器断开的情况下，才能拉、合隔离开关，严重影响人身和设备安全，为此在断路器与隔离开关之间要加装闭锁装置，使断路器在合闸状态时，隔离开关拉不开、合不上，可有效防止带负荷拉、合隔离开关。

414. SF_6 断路器通常装设哪些压力闭锁、信号报警?

答：（1）SF_6 气体压力降低信号，即补气报警信号。一般该气体压力比额定工作气压低 5%～10%。

（2）分、合闸闭锁及信号回路，当压力降低到某数值时，就不允许进行合、分闸操作，一般该值比额定工作气压低 5%～10%。

415. 断路器投入运行前应进行哪些检查?

答：（1）收回所有工作票，拆除安全措施，恢复固定安全措施，检查绝缘电阻值记录应正常。

（2）断路器两侧隔离开关均应在断开位置。

（3）断路器本体、引线套管应清洁完整、不渗油、不漏油。

（4）断路器及套管的各部油位应在规定范围内，油色正常。

（5）机械位置指示器及断路器拐臂位置应正确。

（6）排气管及相间隔板应完整无损。

（7）断路器本体各部无杂物，周围清洁、无易燃物品。

(8) 各部一、二次侧接线应良好。

(9) 对于 SF_6 断路器，应检查其压力正常。

(10) 保护及二次回路变动时，应做好保护跳闸试验和断路器的拉、合闸试验，禁止将操动机构拒绝跳闸的断路器投入运行。

416. 高压断路器在操作及使用中应注意什么？

答：(1) 远方操作的断路器，不允许带电手动合闸，以免合入故障回路，使断路器损坏或爆炸。

(2) 拧动控制开关，不得用力过猛或操作过快，以免操作失灵。

(3) 断路器合闸送电或跳闸后试输电时，其他人员应尽量远离现场，避免因带故障合闸造成断路器损坏或发生意外。

(4) 拒绝跳闸的断路器不得投入运行或作为备用。

(5) 断路器分、合闸后，应立即检查有关信号和测量仪表，同时应到现场检查其实际分、合位置。

417. 如何检查断路器已断开？

答：(1) 红灯应熄灭，绿灯应亮。

(2) 操动机构的分、合指示器应在分闸位置。

(3) 电流表应指示为零。

418. 如何检查断路器已合上？

答：(1) 绿灯应熄灭，红灯应亮。

(2) 操动机构的分、合指示器应在合闸位置。

(3) 如果是负荷断路器，电流表应有指示。

(4) 给母线充电后，母线电压表的指示应正确。

(5) 合上变压器电源侧断路器后，变压器的声响应正常。

419. 断路器出现哪些异常时应停电处理？

答：(1) 支持瓷绝缘子断裂或套管炸裂。

(2) 连接处过热变红色或烧红。

(3) 绝缘子严重放电。

(4) SF_6 断路器的气室严重漏气，发出操作闭锁信号。

(5) 液压机构突然失电压到零。

(6) 真空断路器真空损坏。

420. 真空断路器的异常运行主要包括哪些情况？

答：真空灭弧室真空度失常。真空断路器运行时，正常情况下，其灭弧室的屏蔽罩颜色应无异常变化，真空度正常。若运行中或合闸前（一端带电压），真空灭弧室出现红色或乳白色辉光，说明真空度下降，影响灭弧性能，应更换灭弧室。

421. 操作中误拉、误合断路器时如何处理？

答：(1) 当误合上断路器时，应立即将其断开，并检查该断路器和充电设备有无异常，然后立即向调度报告。

(2) 当误拉断断路器时，不允许再次合闸，应立即向调度汇报，然后根据调度命令进行操作。

422. 户外跌落式熔断器的用途是什么？

答：户外跌落式熔断器是户外高压保护电器，适用于35kV及以下、电压频率50Hz的电力系统中，装置在配电变压器高压侧或配电线支干线路上，用作输电线路、电力变压器过载和短路保护，以及分、合负荷电流，机械寿命不低于2000次。

423. 户外跌落式熔断器的结构及工作原理分别是什么？

答：结构：户外跌落式熔断器是由基座和消弧装置两大部分组成，静触头安装在绝缘支架两端，动触头安装在熔管两端，灭弧管由内层的消弧管和外层的酚醛纸管或环氧玻璃布管组成，其下端装有可以转动的弹簧支架，始终使熔丝处于紧张状态，以保证灭弧管在合闸位置的自锁。

工作原理：当系统发生故障时，故障电流使熔丝迅速熔断，并形成电弧，消弧管受电弧灼热，分解出大量的气体，使管内形成很高的压力，并沿管道形成纵吹，电弧被迅速拉长而熄灭。熔丝熔断后，下部动触头失去张力下翻，锁紧机械，释放熔管，熔管跌落，形成明显的开断位置。

424. 操作跌落式熔断器时应注意哪些事项?

答: (1) 断开熔断器时，一般先拉中相，再拉背风的边相，最后拉迎风的边相，合熔断器时顺序相反。

(2) 合上熔断器时，不可用力过猛，当熔管与鸭嘴对正，且距离鸭嘴 80～110mm 时，再适当用力合上。

(3) 合上熔断器后，要用拉闸杆钩住熔断器鸭嘴上盖向下压两下，再轻轻试拉看是否合好。

425. 断路器与隔离开关有什么区别?

答: (1) 断路器装有消弧设备，因而可切断负荷电流和故障电流，而隔离开关没有消弧设备，不可用它切断或投入一定容量以上的负荷电流和故障电流。

(2) 继电保护、自动装置等能和断路器配合工作。

426. 什么是负荷开关?

答: 负荷开关的构造与隔离开关相似，只是加装了简单的灭弧装置。有一定的断流能力，可以带负荷操作，但不能直接断开短路电流，如果需要，要依靠与它串接的高压熔断器来实现。

427. 控制按钮的作用是什么?

答: 控制按钮常用在接通、分断磁力启动器、接触器和继电器等线圈的回路中，实现远距离控制和就地控制。

428. 控制按钮有哪几种类型?

答: 控制按钮的种类很多，有专供启动用的启动按钮，有专供停止用的停止按钮，还有供启动/停止用的复合按钮，内设有动合、动断两对触点，供不同场合下使用。

429. 什么是行程开关？行程开关主要由哪几部分组成？

答：行程开关是把机械信号转变为电气信号的电气开关，用来转换机械动作信息的传递，常用于机床自动控制、限制运行机构动作或行程及程序控制。

行程开关的主要组成部分有微动开关、复位弹簧轴、撞块、杠杆、滚轮。

430. 什么是隔离开关？

答：隔离开关是高压断路器的一种，俗称刀闸。因为它没有专门的灭弧装置，所以不能用它来接通、切断负荷电流和短路电流。

431. 隔离开关的作用是什么？

答：（1）隔离电源。用隔离开关将需要检修的电气设备与电源可靠地隔离或接地，以保证检修工作的安全进行。

（2）改变运行方式。在双母线电路中，将设备或供电线路从一组母线切换到另一组母线上去。

（3）用以接通和切断小电流的电路。

432. 隔离开关有什么特点？

答：（1）隔离开关的触头全部敞露在空气中，这可使断开点明显可见。隔离开关的动触头和静触头断开后，两者之间的距离应大于被击穿时所需的距离，避免在电路中发生过电压时断开点发生闪络，以保证检修人员的安全。

（2）隔离开关没有灭弧装置，因此仅能用来分合只有电压没有负荷电流的电路，否则会在隔离开关的触头间形成强大的电弧，危及设备和人身安全，造成重大事故。在电路中，隔离开关一般只能在断路器已将电路断开的情况下才能接通或断开。

（3）隔离开关应有足够的动稳定和热稳定能力，并能保证在规定的接通和断开次数内，不致发生故障。

433. 隔离开关有什么类型？

答：（1）按装置地点，可分为户内用和户外用。

（2）按极数，可分为单极和三极。

（3）按有无接地开关，可分为带接地开关和不带接地开关。

（4）按用途，可分为快速分闸用和变压器中性点接地用等。

434. 隔离开关有哪几项基本要求？

答：（1）隔离开关应有明显的断开点。

（2）隔离开关的断开点间应具有可靠的绝缘。

（3）应具有足够的短路稳定性。

（4）结构简单、动作可靠。

（5）主隔离开关与其接地开关间应相互闭锁。

435. 电动操动机构适用于哪类隔离开关？

答：电动操动机构主要适用于需远距离操作重型隔离开关及110kV及以上的户外隔离开关。

436. 为什么不能用隔离开关拉、合负荷回路？

答：因为隔离开关没有灭弧装置，不具备拉、合较大电流的能力，拉、合负荷电流时产生的强烈电弧可能会造成相间短路，引起重大事故。所以，不能用隔离开关拉、合负荷回路。

437. 未装设断路器时，隔离开关可进行哪些操作？

答：（1）拉开或合上无故障的电压互感器或避雷器。

（2）拉开或合上无故障的母线。

（3）拉开或合上变压器的中性点隔离开关。不论中性点是否接有消弧线圈，只有在该系统没有接地故障时才可进行。

（4）拉开或合上励磁电流不超过2A的无故障的空载变压器。

（5）拉开或合上电容电流不超过5A的无故障的空载线路。但当电压在20kV及以上时，应使用室外垂直分合式的三联隔离开关。

438. 隔离开关的操作要点有哪些?

答: 合闸时：对准操作项目；操作迅速果断，但不要用力过猛。操作完毕，要检查合闸良好。

拉闸时：开始动作要慢而谨慎，刀式动触点离开静触头时应迅速拉开。拉闸完毕，检查断开应良好。

439. 手动操作隔离开关时应注意哪些事项?

答:（1）操作前，必须检查断路器确实是在断开位置。

（2）合闸操作时，不论用手动传动，还是用绝缘杆加力操作，都必须迅速果断，在合闸终了时不可用力过猛。

（3）合闸后，应检查隔离开关的触头是否完全合入，接触是否严密。

（4）拉闸操作时，开始应慢而谨慎，当刀片刚离开固定触头时，应迅速果断，以便能迅速消弧。

（5）拉开隔离开关后，应检查每一相确实已断开。

（6）拉、合单相式隔离开关时，应先拉开中相，后拉开边相；合入操作时的顺序与拉开时的顺序相反。

（7）隔离开关应按联锁（微机闭锁）程序操作，当联锁（微机闭锁）装置失灵时，应查明原因，不得自行解锁。

440. 发生带负荷拉、合隔离开关时应怎么办?

答:（1）在操作中发生错合时，甚至在合闸时发生电弧，也不准将隔离开关再拉开，因为带负荷拉隔离开关将造成又一次的三相弧光短路。

（2）如果错拉隔离开关，在开始阶段发现错误，应立即向相反方向操作，将隔离开关重新合上。若隔离开关已拉开，不得重新合上。这时，若电弧未熄灭，应迅速断开该回路断路器。

（3）若是单相式隔离开关，操作一相后发现错误，则不应继续操作其他两相。

441. 隔离开关送电前应做哪些检查？

答：（1）支持瓷绝缘子、拉杆瓷绝缘子，应清洁、完整。

（2）试拉隔离开关时，三相动作应一致，触头应接触良好。

（3）接地开关与其主隔离开关机械闭锁应良好。

（4）操动机构动作应灵活。

（5）机构传动应自如，无卡涩现象。

（6）动、静触头接触良好，接触深度要适当。

（7）操作回路中，位置开关、限位开关、接触器、按钮及辅助触点应操作转换灵活。

442. 正常运行中，隔离开关的检查内容有哪些？

答：（1）隔离开关的刀片应正直、光洁，无锈蚀、烧伤等异常状态。

（2）消弧罩及消弧触头完整，位置正确。

（3）隔离开关的传动机构、联动杠杆、辅助触点及闭锁销子应完整，无脱落、损坏现象。

（4）合闸状态的三相隔离开关每相接触紧密，无弯曲、变形、发热、变色等异常现象。

443. 隔离开关及母线在哪些情况下应进行特殊检查？

答：（1）过负荷时，应对母线和隔离开关进行详细检查，查看温度和声音是否正常。

（2）事故后，检查其可疑部件。

（3）大雾天、大雪天、大风天及连绵雨天，应对母线及隔离开关进行详细检查，查看其温度、绝缘子放电及有无杂物等情况。

444. 隔离开关在运行中可能出现哪些异常？

答：（1）接触部分过热。

（2）绝缘子破损、断裂，导线线夹裂纹。

（3）支柱式绝缘子的胶合部因质量不良和自然老化造成绝缘

子掉盖。

(4) 因严重污秽或过电压，出现闪络、放电、击穿接地现象。

445. 引起隔离开关触头发热的主要原因是什么?

答：(1) 合闸不到位，使电流通过的截面大大缩小，因而出现接触电阻增大，并产生很大的作用力，减少了弹簧的压力，使压缩弹簧或螺栓松弛，更使接触电阻增大而过热。

(2) 因触头紧固件松动，刀片或刀嘴的弹簧锈蚀或过热，使弹簧压力降低；或操作时用力不当，使接触位置不正。这些情况均使触头压力降低，触头接触电阻增大而过热。

(3) 刀口合得不严，使触头表面氧化、脏污；拉合过程中，触头被电弧烧伤，各联动部件磨损或变形等，均会使触头接触不良，接触电阻增大而过热。

(4) 隔离开关过负荷，引起触头过热。

446. 单相隔离开关和跌落式熔断器的操作顺序?

答：(1) 水平排列时。停电拉闸应先拉中相，后拉两边相；送电合闸的操作顺序与此相反。

(2) 垂直排列时。停电拉闸应从上到下依次拉开各相，送电合闸的操作顺序与此相反。

447. 操作隔离开关时拉不开怎么办?

答：(1) 用绝缘棒操作或用手动操动机构操作隔离开关发生拉不开的现象时，不应强行拉开，应注意检查绝缘子及机构的动作，防止绝缘子断裂。

(2) 用电动操动机构操作隔离开关拉不开，应立即停止操作，检查电动机及连杆的位置。

(3) 用液压机构操作时出现拉不开的现象，应检查液压泵是否有油或油是否凝结，如果油压降低不能操作，应断开油泵电源，改用手动操作。

(4) 若由于隔离开关本身的传动机械故障而不能操作，应向当值调度员申请倒负荷后停电处理。

448. 断路器、负荷开关、隔离开关有什么区别?

答: 断路器、负荷开关、隔离开关都是用来闭合和切断电路的电器的,但它们在电路中所起的作用不同。断路器可以切断负荷电流和短路电流;负荷开关只可切断负荷电流,不能切断短路电流;隔离开关则不能切断负荷电流,更不能切断短路电流,只用来切断电压或允许的小电流。

449. 什么是电流互感器?

答: 电流互感器是用来测量电网高电压下大电流的特殊变压器,它能将高电压下的大电流按规定比例转化为低电压下较小的电流,供给电流表、功率表、有功电能表和继电器的电流线圈。

450. 电流互感器的作用是什么?

答: 电流互感器的作用是把大电流按一定比例缩小,准确地反映高压侧电流量的变化,以解决高压下大电流测量的困难。同时,由于它可靠地隔离了高电压,保证了测量人员、仪表及保护装置的安全。

451. 电流互感器二次电流是多少?

答: 电流互感器二次侧的电流一边规定为5A或1A。

452. 什么是电流互感器的同极性端子?

答: 电流互感器的同极性端子指在一次绕组通入交流电流,二次绕组接入负载,在同一瞬间,一次电流流入的端子和二次电流流出的端子。

453. 电流互感器二次侧有哪几种基本接线方式?

答: (1) 完全星形接线。

(2) 不完全星形接线。

（3）三角形接线。

（4）开口三角形接线。

454. 电流互感器在运行中的检查维护项目有哪些？

答：（1）检查电流互感器有无过热现象，有无异常声响及焦臭味。

（2）电流互感器油位是否正常，有无渗、漏油现象；瓷质部分是否清洁、完整，无破裂和放电现象。

（3）定期检验电流互感器的绝缘情况；对充油的电流互感器要定期放油，试验油质情况。

（4）检查电流表的三相指示值是否在允许范围内，不允许过负荷运行。

（5）检查二次侧接地线是否良好，是否无松动及断裂现象；运行中的电流互感器二次侧不得开路。

455. 为何测量仪表、电能表与保护装置应使用不同次级线圈的电流互感器？

答：电流互感器的测量级和保护级是分开的，以适应电气测量和继电保护的不同要求。

电气测量对电流互感器的准确度级要求高，且应尽量使仪表受短路电流的冲击小一些，因而在短路电流增大到某值时，使测量级铁芯饱和以限制二次电流的增长倍数。

保护级铁芯在短路时不应饱和，二次电流与一次电流成比例增长，以适应保护灵敏度的要求。

456. 电流互感器为什么不允许长时间过负荷？

答：电流互感器是利用电磁感应原理工作的，因此过负荷会使铁芯磁通密度达到饱和或过饱和，电流比误差增大，使表针指示不正确；由于磁通密度增大，铁芯和二次绕组过热，加快绝缘老化。

457. 电流互感器高压侧接头过热怎样处理?

答: (1) 若接头发热是由于表面氧化层使接触电阻增大引起的，则应把电流互感器接头处理干净，抹上导电膏。

(2) 若接头接触不良，应旋紧接头固定螺钉，使其接触处有足够的压力。

458. 电流互感器二次回路为什么不能开路?

答: 电流互感器在正常运行时，二次负荷电阻很小，二次电流产生的磁通势对一次电流产生的磁通势起去磁作用，互感器铁芯中的励磁电流很小，二次绕组的感应电动势不超过几十伏。

如果二次回路开路，一次电流产生的磁通势全部转化为励磁电流，引起铁芯内磁通密度增加，甚至饱和，这样会在二次绕组两端产生很高的电压（可达几千伏），可能损坏二次绕组的绝缘，并威胁工作人员的人身安全。

459. 电流互感器发出不正常声响有何原因?

答: 电流互感器过负荷、二次侧开路，以及内部绝缘损坏发生放电等，均会造成异常声响。此外，由于半导体漆涂刷得不均匀形成的内部电晕和夹铁螺栓松动等也会使电流互感器产生较大声响。

460. 什么是电压互感器?

答: 电压互感器是用来测量电网高电压的特殊变压器，其工作原理、构造和接线方式都与变压器相同，只是容量较小。它能将高电压按规定比例转化为较低的电压后，供给电压表、功率表及有功电能表和继电器的电压线圈。

461. 电压互感器的作用是什么?

答: 它的用途是把高压按一定比例缩小，使低压侧绕组能够准确地反映高压量值的变化，以解决高压测量的困难。同时，由于它可靠地隔离了高电压，保证了测量人员、仪表及保护装置的安全。

462. 电压互感器有哪几种接线方式？

答：电压互感器的接线方式有 3 种，分别为 Y、y、d 接线，Y、y 接线，以及 V、v 接线。

463. 电压互感器的二次电压是多少？

答：电压互感器二次电压一般均规定为 100V。

464. 电压互感器的开口三角形为什么只反映零序电压？

答：因为输出电压为三相电压的相量和三相的正序、负序电压相加等于零，所以其输出电压等于零。而三相零序电压相加等于一相零序电压的 3 倍，故开口三角形的输出电压中只有零序电压。

465. 电压互感器二次回路为什么不能短路？

答：电压互感器是一个内阻很小的电压源，正常运行时，负荷阻抗极大，相当于处于开路状态，二次电流很小。

当二次侧短路或接地时，会产生很大的短路电流，烧坏电压互感器，所以二次侧均装有熔断器或自动开关用于短路时断开，起到保护作用。但是，熔断器或自动开关断开后，会使保护测量回路失去电压，可能造成有电压元件的保护误动或拒动。零序绕组往往没有自动开关，如果一次系统故障产生零序电压的同时，电压互感器零序回路短路，会造成更加严重的后果。

466. 电压互感器高压熔断器熔断有何原因？

答：（1）系统发生单相间歇电弧接地。

（2）系统发生铁磁谐振。

（3）电压互感器内部发生单相接地或层间、相间短路故障。

（4）电压互感器二次回路发生短路而所用的二次侧熔丝太粗而未熔断时，可能造成高压侧熔丝熔断。

467. 电压互感器高压熔断器为何不能用普通熔丝代替？

答：电压互感器高压熔断器熔丝采用石英砂填充等方法制成，具有较好的灭弧性能和较大的断流容量，同时具有限制短路电流的作用。而普通熔丝则不能满足断流容量的要求。

468. 电压互感器和电流互感器二次绕组为何仅有一点接地？

答：互感器二次回路一点接地属于保护性接地，防止一、二次绝缘损坏、击穿，以致高电压窜到二次侧，造成人身触电及设备损坏。

互感器两点接地会弄错极性、相位，造成互感器二次绕组短路而致烧损，影响保护仪表动作，所以互感器二次回路中只能有一点接地。

469. 电压和电流互感器有什么区别？

答：（1）电压互感器用于测量电压，电流互感器用于测量电流。

（2）电流互感器二次侧可以短路，但不能开路；电压互感器二次侧可以开路，但不能短路。

（3）相对于二次侧的负载来说，电压互感器的一次内阻抗较小，甚至可以忽略，可以认为电压互感器是一个电压源；而电流互感器的一次内阻很大，可以认为是一个内阻无穷大的电流源。

（4）电压互感器正常工作时的磁通密度接近饱和值，系统故障时，电压下降，磁通密度下降。电流互感器正常工作时，磁通密度很低，而系统发生短路时，一次电流增大，使磁通密度大大增加，有时甚至远远超过饱和值，会造成二次输出电流的误差增加。因此，尽量选用不易饱和的电流互感器。

470. 电流电压互感器与电压互感器二次侧为何不能并联？

答：电压互感器为电压回路（是高阻抗），电流互感器为电流回路（是低阻抗），若两者二次侧并联，会使二次侧发生短路烧坏电压互感器，或保护误动，会使电流互感器开路，对工作人员造成生命危险。

471. 互感器着火的处理方法有哪些？

答：（1）立即用断路器断开其电源，禁止用刀式动触点断开故障电压互感器或将手车式电压互感器直接拉出断电。

（2）若油式电压互感器着火，可用泡沫灭火器或沙子灭火。

472. 互感器发生哪些情况必须立即停用？

答：（1）内部有严重放电声和异常声响。

（2）发生严重振动时。

（3）高压熔丝更换后再次熔断。

（4）冒烟、着火或有异味。

（5）引线、外壳或绕组、外壳之间有火花放电，危及设备安全。

（6）严重危及人身或设备安全。

（7）电压互感器发生严重漏油或喷油现象。

473. 什么是 GIS？有何优点？

答：GIS（gas insulated substation）是气体绝缘全封闭组合电器的英文简称。GIS 由断路器、隔离开关、接地开关、互感器、避雷器、母线、连接件和出线终端等组成，这些设备或部件全部封闭在金属接地的外壳中，在其内部充有一定压力的 SF_6 绝缘气体，故又称为 SF_6 全封闭组合电器。

与常规敞开式变电站相比，GIS 的优点在于结构紧凑、占地面积小、可靠性高、配置灵活、安装方便、安全性强、环境适应能力强、维护工作量很小，其主要部件的维修间隔不小于 20 年。

474. GIS 检修时应注意哪些事项？

答：（1）GIS 检修时，首先回收 SF_6 气体并抽真空，对其内部进行通风。

（2）工作人员应戴防毒面具和橡皮手套，将金属氟化物粉末集中起来装入钢制容器，并进行深埋处理，以防金属氟化物与人体接触中毒。

（3）GIS检修中，严格注意其内部各带电导体表面是否有尖角毛刺，装配中是否电场均匀，是否符合厂家各项调整、装配尺寸的要求。

（4）GIS检修时，还应做好各部分的密封检查与处理，瓷套应做超声波探伤检查。

475. GIS气体泄漏监测的方法有哪些？

答：（1）SF_6泄漏报警仪。

（2）室内氧量仪报警。

（3）生物监测。

（4）密度继电器。

（5）压力表。

（6）年泄漏率法。

（7）独立气室压力检测法（确定微泄漏部位）。

（8）SF_6气体定性检漏仪。

（9）肥皂泡法。

476. GIS的7项试验项目是什么？

答：（1）测量主回路的直流电阻。

（2）主回路的交流耐压试验。

（3）密封性试验。

（4）测量SF_6气体的含水量。

（5）GIS内各元件的试验。

（6）GIS的操动试验。

（7）气体密度继电器、压力表和压力动作阀的检查。

477. 做GIS交流耐压试验时应特别注意哪些事项？

答：（1）规定的试验电压应施加在每一相导体和金属外壳之

间，每次只能给一相加压，其他相导体和接地金属外壳相连接。

（2）当试验电源容量有限时，可将GIS用其内部的断路器或隔离开关分断成几个部分分别进行试验。同时，不试验的部分应接地，并保证断路器断口或隔离开关断口上承受的电压不超过允许值。

（3）GIS内部的避雷器在进行耐压试验时，应与被试回路断开，GIS内部的电压互感器、电流互感器的耐压试验应参照相应的试验标准执行。

478. 电动机如何分类？

答：（1）电动机按电源可分为直流电动机和交流电动机。

（2）电动机按用途可分为驱动用电动机和控制用电动机。

（3）电动机按转速可分为低速电动机、高速电动机、恒速电动机和调整电动机。

（4）交流电动机按工作原理可分为异步电动机和同步电动机，按转子结构可分为鼠笼型电动机和绕线型电动机。

479. 异步电动机中的“异步”是什么意思？

答：电动机的“异步”主要是针对转子转速和磁场转速关系而言的，即转子的转速不能和磁场的转速同步的意思。

480. 电动机日常检查项目有哪些？

答：（1）电动机有无异常声响。

（2）各部螺栓有无松动，温度是否正常。

（3）电流指示正常，无过大摆动。

（4）转动正常，串动、振动不超过规定值。

（5）无冒烟及焦味。

（6）运行人员还要对运行电动机的电气装置进行检查。

481. 电动机运行有何规定？

答：（1）电动机发生进汽进水或长期不投入运行、受潮等情况时，必须测定绝缘电阻，定子绕组对地绝缘电阻数值每千伏不得低于 1MΩ。

（2）对远方操作合闸的电动机，应由值班员进行外部检查后，通知远方操作者，说明电动机已准备好，可以启动。启动结束后，应检查电动机是否正常。

（3）备用中的电动机应定期检查和进行倒换试验，以保证其能随时启动，能互为备用的电动机应按规定时间轮换运行。

482. 发生哪些情况应立即将电动机停止运行？

答：（1）人身事故。

（2）电动机冒烟起火或一相断线运行。

（3）电动机内部有强烈的摩擦声。

（4）直流电动机整流子发生严重环火。

（5）电动机强烈振动，轴承温度迅速升高或超过允许值。

（6）转速急剧下降，温度剧烈升高。

（7）电动机受水淹。

483. 电动机合闸后不转或转速很慢如何处理？

答：（1）立即将电动机停止运行，启动备用电动机。

（2）检查是否断线、断相。

（3）检查所带机械设备是否卡住或轴承损坏。

（4）电动机定子接线是否正常。

484. 电动机在运行中突然变声如何处理？

答：（1）检查电动机所带机械负荷是否正常，有无增减。

（2）检查频率、电压是否正常。

（3）检查熔丝是否熔断，开关是否有接触不良现象。

（4）测定回路绝缘，检查回路是否断线等。

485. 电动机温度剧烈升高如何处理？

答：（1）检查环境温度是否超过规定值。

（2）检查三相电压、电流是否平衡，电流是否超过允许值。

（3）检查熔断器、开关等是否正常运行。

486. 电动机振动大如何处理？

答：（1）检查轴承有无异常声响及温度是否正常。

（2）检查固定地角螺栓是否松动。

（3）检查定子、转子间是否有摩擦。

（4）检查三相电压、电流是否平衡。

（5）振动若超过允许值，必要时进行停电处理。

487. 电动机着火如何处理？

答：（1）必须首先切断电源。

（2）迅速用二氧化碳灭火器进行灭火。

（3）使用干式灭火器时应不使粉末进入轴承内。

（4）禁止用沙子、水和泡沫灭火器灭火。

488. 均压环的作用是什么？

答：均压环可以使绝缘子的电压分布趋于均匀，线路绝缘子均压环还可以起到引弧作用，保护伞裙不受伤害。

第三节　电　力　线　路

489. 电力线路的作用是什么？

答：电力线路是输送、分配电能的主要通道。

490. 简述输电线路的组成及各部分的作用。

答：输电线路由基础、杆塔、导线、避雷线、绝缘子、金具和接地装置等组成。

基础：用来固定杆塔，以保证杆塔不发生倾斜、上拔、下陷和倒塌。

杆塔：支持导线、避雷线，使其对地及线间保持足够的安全距离。

导线：传输负荷电流。

避雷线：保护导线，防止导线受到雷击，提高线路的耐雷水平。

绝缘子：支承或悬挂导线，并使导线与接地杆塔绝缘。

金具：导线、避雷线的固定、接续和保护，绝缘子的固定、连接和保护，拉线的固定和调节。

接地装置：连接避雷线与大地，把雷电流迅速泄入大地，降低雷击时杆塔的电位。

491. 架空线路施工有哪些工序？

答：（1）基础施工。

（2）材料运输。

（3）杆塔组立。

（4）架线。

（5）接地工程。

492. 塔身的组成材料有哪几种？

答：（1）主材。

（2）斜材。

（3）水平材。

（4）横隔材。

（5）辅助材。

493. 铁塔的类型主要有哪几种？

答：铁塔的类型主要有羊角塔、猫头塔、酒杯塔、干字塔、双回鼓形塔等 5 种。

494. 承力杆塔按用途可分为哪些类型？

答：承力杆塔按用途可分为耐张杆塔、转角杆塔、终端杆塔、分歧杆塔、耐张换位杆塔 5 种类型。

495. 架空线路杆塔荷载分为哪几类?

答: 架空线路杆塔荷载类型:水平荷载、垂直荷载、纵向荷载。

496. 直线杆正常情况下主要承受哪些荷载?

答: 直线杆在正常运行时主要承受水平荷载和垂直荷载。其中,水平荷载主要由导线和避雷线的风压荷载、杆身的风压荷载、绝缘子及金具的风压荷载构成,垂直荷载主要由导线、避雷线、金具、绝缘子的自重及拉线的垂直分力引起的荷载构成。

497. 耐张杆正常情况下主要承受哪些荷载?

答: 耐张杆在正常运行时主要承受水平荷载、垂直荷载和纵向荷载。其中,纵向荷载主要由顺线路方向不平衡张力构成,水平荷载和垂直荷载与直线杆构成相同。

498. 常用的复合多股导线有哪些种类?

答:(1)普通钢芯铝绞线。

(2)轻型钢芯铝绞线。

(3)加强型钢芯铝绞线。

(4)铝合金绞线。

(5)稀土铝合金绞线。

499. 架空线路导线常见的排列方式有哪些类型?

答:(1)单回路架空导线:水平排列、三角形排列。

(2)双回路架空导线:鼓形排列、伞形排列、垂直排列和倒伞形排列。

500. 什么是相分裂导线?

答: 相分裂导线指在一相内悬挂多根导线,用间隔棒固定连为一体。

分裂导线在电气特性上相当于增加导线直径，可以减少或避免电晕损耗及减小导线感抗，增加输送能力。

501. 架空线路金具有什么用处?

答：（1）导线、避雷线的接续、固定及保护。

（2）绝缘子的组装、固定及保护。

（3）拉线的组装及调整。

502. 金具主要有哪几类?

答：金具分为连接金具、接续金具、固定金具、保护金具、拉线金具5种。

连接金具常用的有球头挂环、碗头挂板、直角挂板、U形挂环。

接续金具主要有接续管、补修管、并沟线夹、T形线夹、预绞丝等。

固定金具主要有悬垂线夹、耐张线夹（狗头线夹）。

保护金具分为防振金具和绝缘金具，主要有防振锤、护线条、阻尼线、间隔棒、均压环、屏蔽环等。

拉线金具主要有UT形线夹、楔子、U形螺栓等。

503. 什么是绝缘子?

答：绝缘子是线路绝缘的主要元件，用来支撑或悬吊导线使之与杆塔绝缘，保证线路具有可靠的电气绝缘强度，并使导线与杆塔间不发生闪络的元件，是由硬质陶瓷、玻璃或塑料制成的。

504. 绝缘子的分类?

答：绝缘子通常分为可击穿型和不可击穿型。

绝缘子按结构可分为柱式（支柱）绝缘子、悬式绝缘子、防污型绝缘子和套管绝缘子。

绝缘子按应用场合可分为线路绝缘子和电站、电器绝缘子。

架空线路中，常用的绝缘子有针式绝缘子、蝶式绝缘子、悬式绝缘子、瓷横担、棒式绝缘子和拉紧绝缘子等。

绝缘子按材质可分为陶瓷绝缘子、玻璃钢绝缘子、合成绝缘子、半导体绝缘子。

505. 氧化锌避雷器有何特点？

答：氧化锌避雷器的特点：无间隙、无续流、残压低、体积小、质量小、结构简单、通流能力强。

506. 拉线主要有哪几种？

答：拉线主要有普通拉线、转角拉线、人字拉线、高桩拉线、自身拉线5种。

507. 普通拉线由哪几种部分构成？

答：（1）拉线杆上固定的挂点。

（2）楔形线夹。

（3）拉线钢绞线。

（4）UT形线夹。

（5）拉线棒及拉线盘。

508. 钢丝绳有哪两大类？钢丝绳按绕捻方向分为哪几种？

答：（1）钢丝绳分为普通钢绳和复合钢绳两种。

（2）钢丝绳按钢丝和股的绕捻方向分为顺绕、交绕和混绕3种。

509. 起重滑车分为哪几种？其中哪种能改变力的方向？

答：（1）起重滑车按用途分为定滑车、动滑车、滑车组和平衡滑车。

（2）定滑车能改变力的作用方向。

510. 起重葫芦是一种怎样的工具？可分为哪几种？

答：（1）起重葫芦是一种有制动装置的手动省力起重工具。

(2) 起重葫芦包括手拉葫芦、手摇葫芦和手扳葫芦 3 种。

511. 什么是架空线的应力?

答: 架空线的应力指架空线受力时其单位横截面积上的内力。

512. 什么是线路弧垂?

答: 导线上任意一点到悬挂点连线之间的铅垂距离称为导线在该点的弧垂。最大弧垂指架空导线下垂的最大幅度。

513. 线路有哪几种档距? 各有何含义?

答: 档距指相邻两杆塔中心点间的水平距离。

水平档距指某杆塔两侧档距的算术平均值。

垂直档距指某杆塔两侧导线最低点间的水平距离。

代表档距指能够表达整个耐张段力学规律的假想档距，是把长短不等的一个多档耐张段用一个等效的弧立档来代替，达到简化设计的目的。

临界档距指由一种导线应力控制气象条件过渡到另一种控制气象条件临界点的档距大小。

514. 影响输电线路气象条件的三要素是什么?

答: 气象条件的三要素是风、覆冰和气温。

515. 线路曲折系数如何计算?

答: 线路曲折系数=线路总长度÷线路两端直线距离

516. 什么是杆塔呼称高?

答: 杆塔呼称高指杆塔横担最低悬挂点与基础顶面之间的距离。

517. 什么是线路绝缘的泄漏比距?

答: 泄漏比距指平均每千伏线电压应具备的绝缘子最少泄漏

距离值。

518. 什么是接地装置的接地电阻？接地电阻有哪几部分构成？

答： 接地装置的接地电阻指加在接地装置上的电压与流入接地装置的电流之比。

接地电阻的构成：

（1）接地线电阻。

（2）接地体电阻。

（3）接地体与土壤的接触电阻。

（4）地电阻。

519. 架空线的平断面图包括哪些内容？

答：（1）沿线路的纵断面各点标高及塔位标高。

（2）沿线路走廊的平面情况。

（3）平面上的交叉跨越点及交叉角。

（4）线路里程。

（5）杆塔形式及档距、代表档距等。

520. 避雷线的作用是什么？

答：（1）减少雷电直接击于导线的机会。

（2）避雷线一般直接接地，依靠低接地电阻泄导雷电流，以降低雷击过电压。

（3）避雷线对导线的屏蔽及导线、避雷线间的耦合作用，降低雷击过电压。

（4）在导线断线的情况下，避雷线对杆塔起到一定的支持作用。

（5）绝缘避雷线有时用于通信，有时也用于融冰。

521. 什么是雷电次数？

答： 当雷暴进行时，隆隆的雷声持续不断，若其间雷声的时间间隔小于 15min，不论雷声断续传播的时间有多长，均算作一次雷暴；若其间雷声的停息时间在 15min 以上，就把前后分作两次雷暴。

522. 雷电的参数包括哪些？

答：（1）雷电波的速度。

（2）雷电流的幅值。

（3）雷电流的极性。

（4）雷电通道波阻抗。

（5）雷暴日及雷暴小时。

523. 巡线时应遵守哪些规定？

答：（1）新担任巡线工作的人员不得单独巡线。

（2）在巡视线路时，无人监护一律不准登杆巡视。

（3）在巡视过程中，应始终认为线路是带电运行的，即使知道该线路已停电，也应认为线路随时有送电的可能。

（4）夜间巡视时应有照明工具，巡线员应在线路两侧行走，以防触及断落的导线。

（5）巡线中遇有大风时，巡线员应在上风侧沿线行走，不得在线路的下风侧行走，以防断线倒杆危及巡线员的安全。

（6）巡线时必须全面巡视，不得遗漏。

（7）在故障巡视中，无论是否发现故障点，都必须将所分担的线段和任务巡视完毕，并随时与指挥人联系。如已发现故障点，应设法保护现场，以便分析故障原因。

（8）发现导线或避雷线掉落地面时，应设法防止居民、行人靠近断线场所。

（9）在巡视中，如发现线路附近修建有危及线路安全的工程设施，应立即制止。

（10）发现危急缺陷应及时报告，以便迅速处理。

（11）巡线时遇有雷电或远方雷声时，应远离线路或停止巡视，以保证巡线员的人身安全。

524. 架空导线、避雷线的巡视内容有哪些？

答：（1）线夹有无锈蚀、缺件。

（2）连接器有无过热现象。

（3）释放线夹是否动作。

（4）导线在线夹内有无滑动，防振设备是否完好。

（5）跳线是否有弯曲等现象。

525. 夜间巡线的目的及主要检查项目分别是什么？

答：（1）目的：线路运行时，通过夜间巡视，发现白天巡线不易发现的线路缺陷。

（2）检查项目：连接器过热现象，绝缘子污秽放电现象，导线的电晕现象。

526. 单人夜间、事故情况巡线有何规定？

答：（1）单人巡线时，禁止攀登电杆或铁塔。

（2）夜间巡线时，应沿线路外侧进行。

（3）事故巡线时，应始终认为线路带电，即使明知该线路已停电，也应认为线路随时有恢复输电的可能。

（4）当发现导线断线落地或悬在空中时，应维护现场，以防行人进入导线落地点8m范围内，并及时汇报。

527. 为何同一档距内的各相导线弧垂必须保持一致？

答：同一档距内的各相导线的弧垂在放线时必须保持一致。如果松紧不一、弧垂不同，在风吹摆动时，摆动幅度和摆动周期便不相同，容易造成碰线短路事故。

528. 什么是低值或零值绝缘子？

答：低值或零值绝缘子指在运行中绝缘子两端的电位分布接近于零或等于零的绝缘子。

529. 简要说明产生零值绝缘子的原因。

答：（1）制造质量不良。

（2）运输安装不当而产生裂纹。

（3）年久老化，长期承受较大张力而劣化。

530. 玻璃绝缘子具有哪些特点？

答：（1）机械强度高，比瓷绝缘子的机械强度高1～2倍。

（2）性能稳定，不易老化，电气性能高于瓷绝缘子。

（3）生产工序少，生产周期短，便于机械化、自动化生产，生产效率高。

（4）由于玻璃绝缘子的透明性，在进行外部检查时，很容易发现细小的裂缝及各种内部缺陷或损伤。

（5）绝缘子的玻璃本体如有各种缺陷，玻璃本体会自动破碎，称为“自破”。绝缘子自破后，铁帽残锤仍然保持一定的机械强度悬挂在线路上，线路仍然可以继续运行。

（6）当巡线人员巡视线路时，很容易发现自破绝缘子，并及时更换新的绝缘子。

（7）由于玻璃绝缘子具有“自破”的特点，不必对绝缘子进行预防性试验。

（8）玻璃绝缘子的质量小。

531. 高压绝缘子表面为何做成波纹形？

答：（1）延长了爬弧长度，在同样的有效高度内，增加了电弧的爬弧距离，而且每一波纹又能起到阻断电弧的作用，提高了绝缘子的滑闪电压。

（2）在大雨天，大雨冲下的污水不能直接由绝缘子上部流到下部形成水柱而引起接地短路，绝缘子上的波纹起到阻断水流的作用。

（3）污尘降落到绝缘子上时，在绝缘子的凸凹部分分布不均匀，因此在一定程度上保证了绝缘子的耐压强度。

532. 绝缘子的裂纹有何检查方法？

答：（1）目测观察。绝缘子的明显裂纹，一般在巡线时肉眼观察就可以发现。

（2）望远镜观察。借助望远镜进一步仔细察看，通常可以发现不太明显的裂纹。

（3）声响判断。如果绝缘子有不正常的放电声，根据声音可以判断损坏程度。

（4）停电时用绝缘电阻表测试其绝缘电阻，或者采用固定火花间隙对绝缘子进行带电测量。

533. 为何耐张杆塔上的绝缘子比直线杆塔上的要多 1～2 个？

答：在输电线路上，直线杆塔的绝缘子串是垂直于地面安装的，瓷裙内不易积尘和进水。而耐张杆塔的绝缘子串几乎是与地面平行安装的，瓷裙内既易积尘，又易进水，因此绝缘子串表面的绝缘水平下降。另外，耐张杆塔的绝缘子串所承受的荷载比直线杆塔所承受的要大得多，绝缘子损坏的可能性也大，所以耐张杆塔上的绝缘子串的绝缘子个数比直线杆塔上的要多 1～2 个。

534. 导线机械物理特性各量对导线运行有何影响？

答：（1）瞬时破坏应力：其大小决定了导线本身的强度，瞬时破坏应力大的导线适用在大跨越、重冰区的架空线路，在运行中能较好地防止出现断线事故。

（2）弹性系数：导线在张力作用下将产生弹性伸长，导线的弹性伸长引起线长增加、弧垂增大，影响导线对地的安全距离；弹性系数越大的导线在相同受力时，其相对弹性伸长量越小。

（3）瀑度膨胀系数：随着线路运行瀑度的变化，其线长随之变化，从而影响线路的运行应力及弧垂。

（4）质量：导线单位长度质量的变化使导线的垂直荷载发生变化，从而直接影响导线的应力及弧垂。

535. 为何架空线路一般采用多股绞线？

答：（1）当截面较大时，单股线因为制造工艺或外力而造成缺陷，不能保证其机械强度，而多股线在同一处都出现缺陷的概率很小。所以，相对来说，多股线的机械强度较高。

（2）当截面较大时，多股线较单股线柔性高，所以制造、安装和存放都较容易。

（3）当导线受风力作用而产生振动时，单股线容易折断，多股线则不易折断。

536. 采用分裂导线有何优点？

答：一般，每相 2 根为水平排列，3 根为两上一下倒三角排列，4 根为正方形排列。分裂导线在超高压线路得到广泛应用。它除具有表面电位梯度小、临界电晕电压高的特性外，还有以下优点。

（1）单位电抗小，其电气效果与缩短线路长度的电气效果相同。

（2）单位电纳大，等于增加了无功功率补偿。

（3）由普通标号导线组成，制造较方便。

（4）分裂导线装间隔棒可减少导线振动，实测表明双分裂导线比单根导线的振幅小 50%，振动次数低 20%，四分裂导线的值更低。

537. 影响泄漏比距大小的因素有哪些？

答：影响泄漏比距大小的因素有地区污秽等级及系统中性点的接地方式。

538. 线路防污闪事故的措施有哪些？

答：（1）定期清扫绝缘子。

（2）定期测试和更换不良绝缘子。

（3）采用防污型绝缘子。

（4）增加绝缘子串的片数，提高线路绝缘水平。

（5）采用憎水性涂料。

539. 输电线路为什么要防雷？避雷线起何作用？

答：输电线路的杆塔高出地面数米到数十米，并暴露在旷野或高山，线路长度有时达数百千米或更多，所以受雷击的机会很多。因此，应采取可靠的防雷保护措施，以保证供电的安全。

装设避雷线是为了防止雷电波直击档距中的导线，产生危及线路绝缘的过电压。

装设避雷线后，雷电流即沿避雷线经接地引下线进入大地，从而可保证线路的安全供电。根据接地引下线接地电阻的大小，在杆塔顶部造成不同的电位，同时雷电波在避雷线中传播时，又会与线路导线耦合而感应出一个行波，但该行波及杆顶电位作用到线路绝缘的过电压幅值比雷电波直击档中导线时产生的过电压幅值低得多。

540. 什么是避雷针逆闪络？防止措施是什么？

答：避雷针逆闪络指受雷击的避雷针对受其保护设备的放电闪络。

主要防止措施如下：

（1）增大避雷针与被保护设备间的空间距离。

（2）增大避雷针与被保护设备接地体间的距离。

（3）降低避雷针的接地电阻。

541. 什么是避雷线保护角？其对防雷效果有何影响？

答：避雷线保护角指导线悬挂点与避雷线悬挂点的连线同铅垂线间的夹角。

影响：保护角越小，避雷线对导线的保护效果越好，通常根据线路电压等级取20°～30°。

542. 什么是输电线路耐雷水平？其与哪些因素有关？

答：输电线路耐雷水平指不致于引起线路绝缘闪络的最大雷电流幅值。

影响因素：

（1）绝缘子串50%的冲击放电电压。

（2）耦合系数。

（3）接地电阻的大小。

（4）避雷线的分流系数。

（5）杆塔高度。

（6）导线平均悬挂高度。

543. 架空输电线路的防雷措施有哪些？

答：（1）装设避雷线及降低杆塔接地电阻。

（2）系统中性点采用经消弧线圈接地。

（3）增加耦合地线。

（4）加强绝缘。

（5）装设线路自动重合闸装置。

544. 在线路运行管理中，防雷工作的主要内容有哪些？

答：（1）落实防雷保护措施。

（2）完成防雷工作的新技术和科研课题及应用。

（3）测量接地电阻，对不合格者进行处理。

（4）完成雷雨电流观测的准备工作，如更换测雷参数的装置。

（5）增设测雷电装置，提出次年的防雷措施工作计划。

545. 接地体一般采用何种材料？

答：水平接地体一般采用圆钢或扁钢。垂直接地体一般采用角钢或钢管。

新敷设接地体和接地引下线的规格：圆钢直径不小于12mm，扁钢截面积不小于50mm×5mm。接地引下线的表面应采取有效的防腐处理。

546. 降低线路损耗的技术措施包括哪些？

答：（1）合理确定供电中心。

（2）采用合理的电网开、闭环运行方式。

（3）提高负荷的功率因数。

（4）提高电网运行的电压水平。

（5）根据负荷，合理选用并列运行的变压器台数。

547. 架空线弧垂观测档选择的原则是什么？

答：（1）紧线段在 5 档及以下时，靠近中间选择一档。

（2）紧线段在 6～11 档时，靠近两端各选择一档。

（3）紧线段在 12 档及以上时，靠近两端及中间各选择一档。

（4）观测档宜选择档距较大、悬点高差较小及接近代表档距的线档。

（5）紧邻耐张杆的两档不宜选为观测档。

548. 架空线的振动是怎样形成的？

答：架空线受到均匀的微风作用时，会在架空线背后形成一个以一定频率变化的风力涡流。

当风力涡流对架空线冲击力的频率与架空线固有的自振频率相等或接近时，会使架空线在竖直平面内因共振而引起振动加剧，架空线的振动随之出现。

549. 架空线的振动形式及特点是什么？

答：（1）微风振动。小幅度振动，疲劳断线。

（2）舞动。舞动分为垂直舞动、旋转舞动、低阻尼系统共振等，无规则性。

（3）次档距振动。多相导线产生的尾流效应产生的振动。

（4）脱冰跳跃。成片的覆冰脱落。

（5）摆动。风偏角产生的两相线距离不够。

550. 影响架空线振动的因素有哪些？

答：（1）风速、风向。

（2）导线直径及应力。

（3）档距。

（4）悬点高度。

（5）地形、地物。

551. 风对架空线路有何影响?

答:(1)微风可以引起架空线的振动,使其疲劳断线。

(2)大风可以引起架空线不同步摆动,特殊条件下会引起架空线舞动,造成相间闪络,甚至发生鞭击。

(3)风还使悬垂绝缘子串产生偏摆,可造成带电部分与杆塔构件间的电气间距减小而发生闪络。

552. 不同风力对架空线的运行有哪些影响?

答:(1)风速为0.5~4m/s时,易导致架空线因振动而断股,甚至断线。

(2)风速为5~20m/s时,易导致架空线因跳跃而发生碰线故障。

(3)大风引起导线不同步摆动而发生相间闪络。

553. 防振锤的防振原理?

答:防振锤是一段铁棒。由于它加挂在线路塔杆悬点处,可吸收或减弱振动能量,改变线路的摇摆频率,防止线路的振动或舞动。

554. 架空线路为什么会覆冰?

答:架空线路的覆冰是在初冬和初春时节(气温在-5℃左右)或者是在降雪或雨雪交加的天气里,在架空线路的导线、避雷线、绝缘子串等处均会有雨、霜和湿雪形成的冰雪。这是一层结实而又紧密的透明或半透明的冰层,形成覆冰层的原因是物体上附着水滴,当气温下降时,这些水滴便凝结成冰,而且越结越厚。

555. 线路覆冰有哪些危害?

答:(1)覆冰降低了绝缘子串的绝缘水平,会引起闪络接地事故。

（2）导线和避雷线上的覆冰有局部脱落时，因各导线的荷载不均匀，会使导线发生跳跃、碰撞现象。

（3）覆冰会使导线严重下垂，使导线对地距离减小，易发生短路、接地等事故。

（4）覆冰后的导线使杆塔受到过大的荷载，会造成倒杆或倒塔事故。

（5）增大了架空线的迎风面积，使其所受的水平风荷载增加，加大了断线倒塔的可能。

（6）使架空线舞动的可能性增大。

556. 如何消除导线上的覆冰？

答：电流溶解法：

（1）增大负荷电流。

（2）对与系统断开的覆冰线路，用特设变压器或发电机供给短路电流。

机械除冰法：

（1）用绝缘杆敲打脱冰。

（2）用木制套圈脱冰。

（3）用滑车除冰器脱冰。

注：机械除冰时必须停电。

557. 气温对架空线路有何影响？

答：（1）气温降低，架空线线长缩短，张力增大，有可能导致断线。

（2）气温升高，线长增加，弧垂变大，有可能保证不了对地或其他跨越物的安全距离。

558. 鸟类活动会造成哪些线路故障？

答：（1）当这些鸟类嘴里叼着树枝、柴草、铁丝等杂物在线路上空往返飞行时，若树枝等杂物落到导线间或搭在导线与横担之间，就会造成短路事故。

（2）体型较大的鸟在线间飞行或鸟类打架也会造成短路事故。

（3）杆塔上的鸟巢与导线间的距离过近，尤其在阴雨天气易引起线路接地事故。

（4）在大风暴雨的天气里，鸟巢被风吹散触及导线，从而造成跳闸停电事故。

559. 线路耐张段中，直线杆承受不平衡张力的原因有哪些？

答：（1）耐张段中，各档距长度相差悬殊，当气象条件变化后，引起各档张力不等。

（2）耐张段中，各档不均匀覆冰或不同时脱冰时，引起各档张力不等。

（3）线路检修时，先松下某悬点导线，后挂上某悬线，将引起相邻各档张力不等。

（4）耐张段中，在某档飞车作业、绝缘梯作业等悬挂集中荷载时，引起不平衡张力。

（5）山区连续倾斜档的张力不等。

560. 如何防止鸟害？

答：（1）增加巡线次数，随时拆除鸟巢。

（2）安装惊鸟装置，使鸟类不敢接近架空线路。常用方法：在杆塔上部安装反光镜；装风车或翻板；在杆塔上挂带有颜色或能发声响的物品；在鸟类集中处，还可以用猎枪或爆竹来惊鸟。

（3）这些办法虽然行之有效，但较长时间后，鸟类习以为常也会失去作用，所以最好是各种办法轮换使用。

561. 架空线的强度大小受哪些因素的影响？

答：（1）架空线的档距。

（2）架空线的应力。

（3）架空线所处的环境气象条件。

562. 架空线路的垂直档距大小受哪些因素的影响?

答:（1）杆塔两侧的档距大小。

（2）气象条件。

（3）导线应力。

（4）悬点高差。

垂直档距的大小影响杆塔的垂直荷载。

563. 架空线路为何需要换位?

答: 架空线路三相导线在空间排列上往往是不对称的，由此引起三相系统电磁特性不对称，继而引起各相电抗不平衡，影响三相系统的对称运行。

为保证三相系统能始终保持对称运行，三相导线必须进行换位。

564. 架空线应力过大或过小有何影响?

答: 应力过大，易在最大应力气象条件下超过架空线的强度而发生断线事故，难以保证线路安全运行。

应力过小，会使架空线弧垂过大，要保证架空导线对地具备足够的安全距离，必然因增高杆塔而增大投资，造成不必要的浪费。

565. 确定杆塔外形尺寸的基本要求有哪些?

答:（1）杆塔高度的确定应满足导线对地或对被交叉跨越物之间的安全距离要求。

（2）架空线之间的水平和垂直距离应满足档距中央接近距离的要求。

（3）导线与杆塔的空气间隙应满足内过电压、外过电压和运行电压情况下电气绝缘的要求。

（4）导线与杆塔的空气间隙应满足带电作业安全距离的要求。

（5）避雷线对导线的保护角应满足防雷保护的要求。

566. 电缆是由几部分组成？

答： 电缆由线芯、绝缘层、屏蔽层、保护层组成。

567. 常见电力电缆的种类有哪些？

答： 常见电力电缆有聚氯乙烯绝缘电力电缆、交联聚乙烯绝缘电力电缆、聚氯乙烯绝缘控制电缆。

568. 电缆线路的优点、缺点分别是什么？

答： 优点：不占用地上空间，供电可靠性高，电击可能性小。

缺点：投资费用大，引出分支线路比较困难，故障点寻找比较困难。

569. 电力电缆的常见故障有哪几种？

答： 电力电缆的常见故障有短路（低阻）故障、高阻故障、开路故障、闪络性故障。

570. 电力电缆线路的日常检查内容有哪些？

答：（1）检查电力电缆线路的电流是否超过额定载流量。

（2）电缆终端头的连接点是否发热变色。

（3）并联电缆有无负荷不均而导致其中一根发热的现象。

（4）有无打火、放电声响及异常气味。

571. 电力电缆的故障定点方法有哪几种？

答： 电力电缆的故障定点方法有声测法、声磁同步法、跨步电流法。

572. 电力电缆的故障测距方法有几种？

答： 电力电缆的故障测距方法有电桥法、低压脉冲法、脉冲电压法、脉冲电流法。

573. 电缆头内刚灌完绝缘胶可否立即送电？

答： 由于刚灌完绝缘胶，绝缘胶内还有气泡，只有在绝缘胶冷却后，气泡才能排出。如果电缆头灌完绝缘胶就送电，可能造成电缆头击穿而发生事故。

574. 电缆温度的监视要求？

答：（1）测量直埋电缆的温度，应测量同地段的土壤温度。

（2）检查电缆的温度，应选择电缆排列最密处、散热情况最差处或有外界热源影响处。

（3）测量电缆的温度，应在夏季或电缆最大负荷时进行。

575. 如何防止电缆导线连接点损坏？

答：（1）铜、铝导体连接宜采用铜铝过渡接头，如采用铜压接管，其内壁必须镀锡。

（2）对重要电缆线路的户外引出线连接点需加强监视，一般可用红外线测温仪或测温笔测量温度，再检查接触面的表面情况。

（3）对敷设在地下的电缆线路，应查看其地表是否正常，有无挖掘痕迹及线路标桩是否完整无缺等。

（4）电缆线路上不应堆置瓦砾、矿渣、建筑材料、笨重物件、酸碱性排泄物或堆砌石灰坑等。

（5）对于通过桥梁的电缆，应检查桥头两端电缆是否拖拉过紧，保护管或槽有无脱开或锈烂现象。

（6）对于备用排管，应该用专用工具疏通，检查其有无断裂现象。

（7）对户外与架空线连接的电缆和终端头，应检查终端头是否完整，引出线的接点有无发热现象，靠近地面的一段电缆是否存在破损。

第三章

电气二次系统

第一节 通用部分

576. 什么是电气二次系统？常用的二次电气设备有哪些？

答：电气二次系统是对一次设备的工作状况进行监视、测量、控制、保护、调节所必需的低压系统，二次系统中的电气设备称为二次电气设备。

常用的二次电气设备包括继电保护装置、自动装置、监控装置、信号器具等，通常还包括电压互感器、电压互感器的二次绕组引出线和站用直流电源。

577. 二次回路的电路图按任务的不同可分为哪几种？

答：二次回路的电路图按任务的不同可分为原理图、展开图和安装接线图3种。

578. 安装接线图包括哪些内容？

答：安装接线图包括屏面布置图、屏背面接线图和端子排图。

579. 接线图中的安装单位、同型号设备、设备顺序如何编号？

答：（1）安装单位编号以罗马数字Ⅰ、Ⅱ、Ⅲ等来表示。

（2）同型设备，在设备文字标号前以数字来区别，如1KA、2KA。

（3）同一安装单位中的设备顺序是从左到右、从上到下以阿拉伯数字来区别。

580. 二次电气设备常见的异常和事故有哪些？

答：（1）继电保护及安全自动装置异常、故障。

(2) 二次接线异常、故障。

(3) 电流互感器、电压互感器等异常、故障。

(4) 直流系统异常、故障。

第二节 继电保护

581. 什么是继电保护装置？其作用是什么？

答：定义：继电保护装置是一种由继电器和其他辅助元件构成的安全自动装置。它能反映电气元件的故障和不正常运行状态，并动作于断路器跳闸或发出信号。

作用：故障情况下将故障元件切除，不正常状态下自动发出信号，以便及时处理，可预防事故的发生和缩小事故影响范围，保证电能质量和供电可靠性。

582. 对继电保护装置的基本要求是什么？

答：继电保护装置必须满足选择性、快速性、灵敏性和可靠性4个基本要求。

583. 什么是继电保护装置的选择性？

答：继电保护装置的选择性指当系统发生故障时，继电保护装置应该有选择地切除故障，以保证非故障部分继续运行，使停电范围尽量缩小。

584. 什么是继电保护装置的快速性？

答：继电保护装置的快速性指继电保护应以允许的最快速度动作于断路器跳闸，以断开故障或中止异常状态的发展。

585. 快速切除故障对电力系统有哪些好处？

答：(1) 可以提高电力系统并列运行的稳定性。

(2) 电压恢复快，电动机容易自启动，减轻对用户的影响。

(3) 减少对电气设备的损坏程度，防止故障进一步扩大。

（4）短路点易于隔离，提高重合闸的成功率。

586. 什么是继电保护装置的灵敏性？

答：继电保护装置的灵敏性指继电保护装置对其保护范围内故障的反应能力，即继电保护装置对被保护设备发生的故障和不正常运行方式应能灵敏地感受并反应。

上、下级保护之间的灵敏性必须配合，这也是保护选择性的条件之一。

587. 什么是继电保护装置的可靠性？

答：继电保护装置的可靠性指发生了属于它应该动作的故障时，它能可靠动作，即不发生拒绝动作；而在任何其他不应该动作的情况下，可靠不动作，即不发生误动。

588. 微机继电保护硬件的构成通常包括哪几部分？

答：（1）数据采集系统。

（2）数据处理单元，即微机主系统。

（3）数字量输入/输出接口，即开关量输入和输出系统。

（4）通信接口。

589. 电力系统有哪些故障？

答：电力系统的故障有线路开路或短路、电压偏高、偏低或不稳定、相序错误等。

590. 短路故障有何特征？

答：短路故障的特征：故障点的阻抗很小，致使电流瞬时升高，短路点以前的电压下降。

591. 什么是过电流保护？

答：过电流保护是当被测电流增大超过允许值时，执行相应保护动作（如使断路器跳闸）的一种保护，主要包括短路保护和过载保护两种类型。

短路保护的特点是整定电流大，瞬时动作；过载保护的特点是整定电流较小，反时限动作。

592. 什么是定时限过电流保护？什么是反时限过电流保护？

答：定时限过电流保护指为了实现过电流保护的动作选择性，各保护的动作时间自负荷向电源方向逐级增大，且恒定不变，与短路电流的大小无关。

反时限过电流保护指动作时间随短路电流的增大而自动减小的保护。

593. 什么是电压闭锁过电流保护？

答：电压闭锁过电流保护是在电流保护装置中加了一个附加条件—电压闭锁，当动作电流达到整定值时，保护装置不会动作，被保护对象的电压值必须同时达到整定值时，过电流保护装置才会动作，提高保护的灵敏性。

电压闭锁有低电压闭锁、复合电压闭锁等。

594. 什么是距离保护？

答：距离保护是根据电压和电流测量保护安装处至短路点间的阻抗值，反映故障点至保护安装地点之间的距离，并根据距离的远近而确定动作时间的一种保护。

595. 什么是差动保护？

答：差动保护是把被保护的电气设备看成一个节点，正常时，流进被保护设备的电流和流出的电流相等，差动电流等于零。当设备出现故障时，差动电流大于零，当差动电流大于差动保护装置的整定值时，将被保护设备的各侧断路器跳开的一种保护。

596. 什么是气体保护？有何特点？

答：当变压器内部发生故障时，变压器油将分解出大量气体，利用这种气体动作的保护装置称为气体保护。

气体保护的动作速度快、灵敏度高，对变压器内部故障有良好的反应能力，但对油箱外套管及连线上的故障的反应能力却很差。

597. 什么是零序保护？

答：在大短路电流接地系统中，发生接地故障后，就有零序电流、零序电压和零序功率出现，利用这些电气量构成的保护称为零序保护。

598. 什么情况下将出现零序电流？

答：电力系统在三相不对称运行状况下将出现零序电流，例如以下情况。

（1）三相运行参数不同。

（2）有接地故障。

（3）缺相运行。

（4）断路器三相投入不同期。

（5）投入空载变压器时，三相的励磁涌流不同。

599. 什么是变压器的压力保护？

答：压力保护是一种当变压器内部出现严重故障时，通过压力释放装置使油膨胀和分解产生的不正常压力得到及时释放，以免损坏油箱，造成更大的损失的保护。

压力释放装置有两种：安全气道（防爆筒）和压力释放阀。

600. 什么是失灵保护？

答：失灵保护是当故障元件的保护装置动作，而断路器拒绝动作时，有选择地使失灵断路器所连接母线的断路器同时断开，防止事故范围扩大的一种保护。

601. 什么是保护间隙？

答：保护间隙是由一个带电极和一个接地极构成，两极之间相隔一定距离构成间隙。

它平时并联在被保护设备旁，在过电压侵入时，间隙先行击穿，把雷电流引入大地，保护设备的绝缘不受伤害。

602. 什么是失电压保护？

答： 当电源停电或者由于某种原因电源电压降低过多（欠电压）时，被保护设备自动从电源上切除的一种保护。

603. 电流互感器有几个准确度级？

答： 电流互感器的准确度级有 0.2 级、0.5 级、1.0 级、3.0 级、D 级。

测量和计量仪表使用的电流互感器准确度级别为 0.5 级、0.2 级。

只作为电流测量用的电流互感器允许使用 1.0 级。

对非重要的测量，电流互感器允许使用 3.0 级。

604. 什么是故障录波器？有什么作用？

答： 故障录波器是一种在系统发生故障时，自动、准确地记录故障前后过程的各种电气量的变化情况的装置。

通过对这些电气量的分析、比较，对分析、处理事故，判断保护是否正确动作，以及提高电力系统的安全运行水平均有着重要作用。

605. 低压配电线路一般有哪些保护？

答： 低压配电线路的保护一般有短路保护、过负荷保护、接地故障保护、中性线断线故障保护。

606. 高压输电线路一般有哪些保护？

答： 110kV 及以上电压等级的线路保护一般有差动保护、过电流保护、距离保护、零序保护、过负荷保护等。

607. 变压器一般有哪些保护?

答: 变压器的保护一般有差动保护、气体保护、过电流保护、过负荷保护、零序保护、温度保护、压力保护等。

608. 母线一般有哪些保护?

答: 35kV 及以上电压等级的母线保护一般有差动保护。

609. 过电流保护的种类有哪些?

答: (1) 按时间分为速断、定时限和反时限保护 3 种。

(2) 按方向分为不带方向过电流、带方向过电流保护两种。

(3) 按闭锁方式分为过电流、低电压闭锁过电流、负序电压闭锁过电流、复合电压闭锁过电流保护等。

610. 电流速断保护的特点是什么?

答: (1) 无延时，瞬时动作，在时间上无须与下段线路配合。

(2) 接线简单，动作可靠，切除故障快。

(3) 按躲过被保护元件外部短路时流过本保护的最大短路电流进行整定，不能保护线路全长。

611. 定时限过电流保护的特点是什么?

答: (1) 具有一定时限，在时间上需与下段线路配合，时间与短路电流大小无关。

(2) 一般分三段式或四段式，各级保护时限呈阶梯形，越靠近电源，动作时限越长。

(3) 保护范围主要是本线路末端，并延伸至下一段线路的始端。除保护本段线路外，还作为下一段线路的后备保护。

612. 运行方式变化对过电流保护有何影响?

答: 电流保护在运行方式变小时，保护范围会缩小，甚至变得无保护范围；运行方式变大时，保护范围会扩大。

613. 零序电流互感器是如何工作的?

答: 零序电流互感器的一次绕组就是三相星形接线的中性线。在正常情况下，三相电流之和等于零，中性线无电流。当被保护设备或系统上发生单相接地故障时，三相电流之和不再等于零，一次绕组将流过电流，此电流等于每相零序电流的 3 倍，此时铁芯中产生磁通，二次绕组将感应出电流。

614. 零序电流保护的特点是什么?

答: 零序电流保护的特点是只反应单相接地故障。因为系统中的其他非接地短路故障不会产生零序电流，所以零序电流保护不受任何故障的干扰。

615. 零序电流保护的整定为何不用避开负荷电流?

答: 零序电流保护反应的是零序电流，而负荷电流中不包含（或很少包含）零序分量，故零序电流保护的整定不必考虑避开负荷电流。

616. 变压器零序保护的作用是什么?

答: 变压器零序保护的作用是反映变压器中性点直接接地系统侧绕组的内部及其引出线上的接地短路，也可作为相应母线和线路接地的后备保护。

617. 110kV 及以上分级绝缘变压器的接地保护是如何构成的?

答: 中性点接地：装设零序电流保护，一般设置两段，零序Ⅰ段作为变压器及母线的接地后备保护，零序Ⅱ段作为引出线的后备保护。

中性点不接地：装设瞬时动作于跳开变压器的间隙零序过电流保护及零序电压保护。

618. 线路、变压器差动保护的范围是什么?

答: 线路、变压器差动保护的范围是线路或变压器两侧电流互感器之间的一次电气部分。

619. 母线差动保护的范围是什么?

答: 母线差动保护的范围是母线各段所有出线断路器的电流互感器之间的一次电气部分。

620. 什么是母线差动双母线方式? 什么是母线差动单母线方式?

答: 母线差动双母线方式指母线差动有选择性，先跳开母联以区分故障点，再跳开故障母线上的所有开关。

母线差动单母线方式指母线差动无选择性，一条母线故障，引起两段母线上所有开关跳闸。

621. 距离保护的特点是什么?

答: (1) 以阻抗为判断依据，受系统运行方式的影响较小。

(2) 一般分三段式或四段式，各级保护时限呈阶梯形，越靠近电源，动作时限越长。

(3) 保护范围主要是本线路末端，并延伸至下一段线路的始端。除保护本段线路外，还作为下一段线路的后备保护。

622. 为什么距离保护突然失去电压会误动作?

答: 距离保护是在线路阻抗值($Z=U/I$)不大于整定值时动作，其电压产生的是制动力矩，电流产生的是动作力矩。当突然失去电压时，制动力矩也突然变得很小，而在电流回路，则有负荷电流产生的动作力矩，如果此时闭锁回路动作失灵，距离保护就会误动作。

623. 气体保护的保护范围是什么?

答: 气体保护的主要保护范围是变压器本体内部。

624. 什么故障可以引起气体保护动作?

答: (1) 变压器内部的多相短路。

（2）匝间短路，绕组与铁芯或与外壳间的短路。

（3）铁芯故障。

（4）油面下降或漏油。

（5）分接开关接触不良或导线焊接不良。

625. 轻瓦斯动作的原因是什么？

答：（1）滤油、加油或冷却系统不严密，以致空气进入变压器。

（2）温度下降或漏油致使油面低于气体继电器轻瓦斯浮筒。

（3）变压器故障，产生少量气体。

（4）发生穿越性短路。

（5）气体继电器或二次回路故障。

626. 为什么变压器差动保护不能代替气体保护？

答：变压器气体保护能反应变压器油箱内的任何故障，如铁芯过热烧灼、油面降低、匝间短路等，而差动保护对此无反应。因此，差动保护不能代替气体保护。

627. 故障录波器的启动方式有哪些？

答：启动方式的选择，应保证在系统发生任何类型故障时，故障录波器都能可靠地启动。一般包括以下启动方式：负序电压启动、低电压启动、过电流启动、零序电流启动、零序电压启动。

628. 红灯、绿灯各有何用途？

答：红灯主要用作断路器的合闸位置指示，同时可监视跳闸回路的完整性。

绿灯主要用作断路器的跳闸位置指示，同时可监视合闸回路的完整性。

629. 断路器位置的红灯、绿灯不亮有什么影响？

答：（1）不能正确反映断路器的跳、合闸位置。

（2）不能正确反映跳合闸回路的完整性，故障时造成误判断。

（3）如果是跳闸回路故障，当发生事故时，断路器不能及时跳闸，造成事故扩大。

（4）如果是合闸回路故障，会使断路器事故跳闸后自动投入失效或不能自动重合。

第三节 综合自动化系统

630. 什么是综合自动化系统？

答：综合自动化系统是利用先进的计算机技术、现代电子技术、通信技术和信息处理技术等对变电站二次设备（包括继电保护、控制、测量、信号、故障录波、自动装置及远动装置等）的功能进行重新组合、优化设计，对变电站全部设备的运行情况执行监视、测量、控制和协调的一种综合性的自动化系统。

631. 综合自动化系统的作用有哪些？

答：（1）通过变电站综合自动化系统内各设备间相互交换信息，数据共享，完成变电站的运行监视和控制任务。

（2）变电站综合自动化系统替代了变电站常规二次设备，简化了变电站二次接线。

（3）变电站综合自动化是提高变电站安全、稳定的运行水平，降低运行维护成本，提高经济效益，向用户提供高质量电能的一项重要技术措施。

632. 综合自动化系统的结构有几种形式？

答：综合自动化系统的结构有集中式系统结构和分层分布式系统结构两种。

集中式系统的硬件装置、数据处理均集中配置，采用由前置机和后台机构成的集控式结构，由前置机完成数据输入、输出、保护、控制及监测等功能，由后台机完成数据处理、显示、打印及远方通信等功能。

分层分布式系统结构按变电站的控制层次和对象设置全站控制级（站级）和就地单元控制级（段级）的两层式分布控制系统结构。站级系统主要包括站控系统（station control system，SCS）、站监视系统（station monitoring system，SMS）、站工程师工作台（engineers workshop，EWS）及同调度中心的通信系统（remote terminal unit，RTU）。

633. 什么是远动？

答：远动是应用通信技术完成遥测、遥信、遥控和遥调等功能的总称。

634. 什么是远动系统？

答：远动系统是对广阔地区的生产过程进行监视和控制的系统，包括对生产过程信息的采集、处理、传输和显示等的全部设备。

635. 什么是 RTU？

答：RTU 又名远动终端，是由主站监控的子站，按规约完成远动数据采集、处理、发送、接收及输出执行等功能的设备。

636. 前置机的功能有哪些？

答：在电力调度自动化系统中，信息收集的任务通常由前置机来完成，其功能如下：

（1）收集各 RTU 送来的实时数据，将这些数据加工处理送进数据库。

（2）将主机发出的控制命令（遥控等）经由前置机送到 RTU 去执行。

（3）自动或手动进行通道检查，通道发生故障时，自动切换到备用通道上。

（4）使前置机和各 RTU 的时钟与主机标准时钟同步。

（5）记录和统计错误信息供诊断分析之用。

637. 遥测、遥信、遥控和遥调分别是何含义？

答： 遥测是远方测量，简记为YC。它是将被监视厂站的主要参数变量远距离传送给调度，如厂、站端的功率、电压、电流等。

遥信是远方状态信号，简记为YX。它是将被监视厂、站的设备状态信号远距离传送给调度，如开关位置信号。

遥控是远方操作，简记为YK。它是从调度发出命令以实现远方操作和切换。这种命令通常只取两种状态指令，如命令开关的“合”“分”。

遥调是远方调节，简记为YT。它是从调度发出命令以实现对远方设备进行调整操作，如变压器分接头的位置、发电机的输出功率等。

638. 什么是监控系统？为什么要安装监控系统？

答： 监控系统应该具备完成控制特定设备的能力，并确认它按指定的行动完成任务，也可定义为许多设备的组合。它使操作员在远处得到足够的确定变电站或发电厂内设备状态的信息，并且在这些设备上进行工作或操作，且直接在现场执行。

安装监控系统是向系统运行人员提供足够的信息，并以安全、可靠而又经济的手段控制动力系统或其部分系统的操作。

639. 调度自动化系统对电源有何要求？

答： 交流供电电源必须可靠。应有两路来自不同电源点的供电线路供电。电源质量应符合设备的要求，电压波动宜小于±10%。

为保证供电的可靠和质量，计算机系统应采用不间断电源供电，交流电源失电后维持供电宜为1h。

640. 自动化设备机房的要求有哪些？

答： （1）应保持机房的温度、湿度，机房温度为15～18℃；温度变化率每小时不超过±5℃；湿度为40%～75%。

（2）机房内应有新鲜空气补给设备和防噪声措施。

（3）机房应防尘，应达到设备厂商规定的空气清洁度，对部分要求净化的设备应设置净化间。

（4）计算机系统内应有良好的工作接地。如果同大楼合用接地装置，接地电阻宜小于0.5Ω，接地引线应独立并同建筑物绝缘。

（5）根据设备的要求，还应有防静电、防雷击和防过电压的措施。

（6）机房内应有符合国家有关规定的防水、防火和灭火设施。

（7）机房内照明应符合有关规定，并应具有事故照明设施。

641. 什么是规约？

答：在远动系统中，为了正确地传送信息，必须有一套关于信息传输顺序、信息格式和信息内容等的约定。这一套约定称为规约。

642. 什么是报文？

答：报文指由一个报头或若干个数据块或参数块所组成的传输单位。

643. 什么是A/D或D/A转换器？衡量其性能的基本标准有哪些？

答：当计算机同外部系统打交道时，往往需要把外部的模拟信号转换成计算机能识别的数字信号输入，或把数字信号转换成模拟信号输出，实现这种模拟量与数字量之间转换的装置称作A/D或D/A转换器。

衡量其性能的基本标准有转换速度；转换精度；可靠性。

644. 什么是网络拓扑功能？

答：网络拓扑是调度自动化系统应用功能中的最基本功能。它根据遥信信息确定地区电网的电气连接状态，并将网络的物理模型转换为数学模型，用于状态估计，调度员潮流、安全分析，无功电压优化等网络分析功能和调度员培训模拟功能。

645. 电力系统通信网的主要功能是什么?

答: 电力系统通信网为电网生产运行、管理、基本建设等方面服务。其主要功能应满足调度电话、行政电话、电网自动化、继电保护、安全自动装置、计算机联网、传真、图像传输等各种业务的需要。

646. 电力系统有哪几种主要通信方式?

答:(1)明线通信。

(2)电缆通信。

(3)电力载波通信。

(4)光纤通信。

(5)微波通信。

(6)卫星通信。

647. 电力系统目前有哪些主要通信业务?

答: 电力系统目前拥有的主要通信业务:调度电话、行政电话、电话会议通道、电话传真、远动通道、继电保护通道、交换机组网通道、保护故障录波通道、电量采集通道、电能采集通道、计算机互联信息通道、图像或系统监控通道等。

648. 什么是能量管理系统?其主要功能是什么?

答: 能量管理系统(energy management system,EMS)是现代电网调度自动化系统(含硬、软件)的总称。

EMS 的主要功能由基础功能和应用功能两个部分组成。基础功能包括计算机、操作系统和 EMS 支撑系统。应用功能包括数据采集与监视(supervisory control and data acquisition,SCADA)、自动发电控制(automatic generation control AGC)与计划、网络应用分析。

649. 电网调度自动化系统由哪几部分组成？

答：其基本结构包括控制中心、主站系统、厂站端（RTU）和信息通道3大部分。根据所完成功能的不同，可以将此系统划分为信息采集和执行子系统、信息传输子系统、信息处理子系统和人机联系子系统。

650. 什么是自动发电控制（AGC）系统？

答：自动发电控制（automatic generation control，AGC）系统是能量管理系统（energy management system，EMS）的重要组成部分，按电网调度中心的控制目标将指令发送给有关发电厂或机组，通过电厂或机组的自动控制调节装置，实现对发电机功率的自动控制。

651. AGC系统的基本功能有哪些？

答：（1）负荷频率控制。

（2）经济调度控制。

（3）备用容量监视。

（4）AGC性能监视。

652. 计算机干扰渠道有哪些？应重点解决哪几种？

答：（1）空间干扰，即通过电磁波辐射进入系统。

（2）过程通道干扰，干扰通过与计算机相连接的前向通道、后向通道及与其他主机的相互通道进入。

（3）供电系统干扰。

一般情况下，空间干扰在强度上远小于其他两种渠道的干扰，而且空间干扰可用良好的屏蔽、正确的接地与高频滤波加以解决。故应重点防止的干扰是供电系统与过程通道的干扰。

653. 什么是数据库？数据库的设计原则是怎样的？

答：数据库是一个有规律地组织、存放数据，以及高效地获取和处理数据的仓库，是一个通用的、综合性的数据集合，是当代计算机系统的重要组成部分。它不仅反映数据库本身的内容，而且反映数据之间的关系。设计原则有以下几点：

（1）面向全组织的、复杂的数据结构，对各个类型的数据按结构化的原则和 DBMS（数据库管理系统）的要求统一组织。

（2）数据冗余度小，易扩充。因为数据库中的数据面向整个系统，而且在网络中实现共享，从而可以达到节约存储空间，减少存取时间，避免数据之间的不相容性和不一致性的作用。

（3）由统一的数据库管理和控制功能，确保数据库的安全性、保密性、唯一性和完整性。

（4）使用操作方便、用户界面好的数据库设计的方法，主要是运用软件工程原理，按规范设计，将数据库设计分需求分析、概念设计、逻辑设计和物理设计 4 个阶段进行，自顶向下通过过程迭代和逐步求精来实现。

654. 什么是分布式数据库？

答：分布式数据库是随着分布式计算机系统的发展而形成的数据库。它应是一个逻辑上完整而物理上分散，在若干台互相连接的计算机（即计算机网络的结点）上的数据库系统。

655. 网卡物理地址、IP 地址及域名有何区别？

答：网卡物理地址通常是由生产厂家烧入网卡的可擦除可编程只读存储器（erasable programmable read only memory, EPROM）。它存储的是传输数据时真正用于标识信源机和信宿机的地址。也就是说，在网络层的物理传输过程中，是通过物理地址来标识主机的，它一般是唯一的。

IP 地址则是整个网络的统一的地址标识符，其目的就是屏蔽物理网络细节，使得网络从逻辑上看是一个整体的网络。在实际物理传输过程中，都必须先将 IP 地址翻译为网卡物理地址。

域名则提供了一种直观明了的主机标识符。TCP/IP 专门设计了一种字符型的主机名字机制，这就是域名系统。

由上可见，网卡的物理地址对应于实际的信号传输过程，IP

地址则是一个逻辑意义上的地址，域名地址则可以简单理解为直观化了的IP地址。

656. 调度自动化系统对实时性指标有哪些要求?

答: (1) 重要遥测命令的传送时间不大于3s。

(2) 遥信变位命令的传送时间不大于3s。

(3) 遥控、遥调命令的传送时间不大于4s。

(4) 全系统实时数据的扫描周期为3～10s。

(5) 画面调用响应时间：85%的画面不大于3s，其他画面不大于5s。

(6) 画面实时数据的刷新周期为5～10s。

(7) 打印报表的输出周期可按需要整定。

(8) 双机自动切换到基本监控功能的恢复时间不大于50s。

(9) 模拟屏数据的刷新周期为6～12s。

657. 自动化系统采集、处理和控制的信息类型有哪几种?

答: (1) 遥测量：模拟量、脉冲量、数字量。

(2) 遥信量：状态信号。

(3) 遥控命令：数字量。

(4) 遥调命令：模拟量、脉冲量。

(5) 时钟对时。

(6) 计算量。

(7) 人工输入。

658. 自动化变电站终端的主要技术指标有哪些?

答: (1) 遥测精度：0.5级。

(2) 模拟量输入：4～20mA，±5V。

(3) 遥信输入：无源触点方式。

(4) 事件顺序记录分辨率不大于10ms。

(5) 电能量累计容量：216。

(6) 模拟量输出：4～20mA，±10V。

(7) 遥控输出：无源触点方式，触点容量为直流 220V、5A，110V、5A 或 24V、5A。

(8) 远动信息的海明距离不小于 4。

(9) 远动终端的平均故障间隔时间不低于 10 000h。

(10) 远动通道误码率为 10^{-4}时，远动终端应能正常工作。

659. 为了防止计算机病毒的侵害，应注意哪些问题？

答：(1) 应谨慎使用公共和共享的软件。

(2) 应谨慎使用外来的软盘。

(3) 新机器要杀毒后再使用。

(4) 限制网上可执行代码的交换。

(5) 写保护所有的系统盘和保存文件。

(6) 除非是原始盘，否则绝不用软盘去引导硬盘。

(7) 不要将用户数据或程序写到系统盘上。

(8) 绝不执行不知来源的程序。

第四节 直 流 系 统

660. 直流系统的作用是什么？

答：(1) 提供设备的操作、控制和保护用的直流电源。

(2) 作为事故情况下的照明、UPS 等重要负荷的电流。

661. 直流系统由哪些主要部件构成？

答：直流系统的主要构成部件有充电装置、电池组、微机监控器。

662. 风电场直流系统一般有哪几个电压等级？

答：风电场直流系统一般有两个电压等级，分别为 220V、48V。

663. 什么是浮充电运行方式？

答：直流系统正常采用浮充电方式运行，即交流电经整流装置变成直流电后，直接给直流母线供电，同时又对蓄电池组进行浮充电。

664. 直流系统的一般规定有哪些?

答:（1）直流母线不允许脱离蓄电池组只由充电装置供电运行。

（2）直流母线不允许长期只由蓄电池组供电运行；事故情况下，蓄电池组带直流母线运行，电压不得低于额定值的85%。

（3）直流系统允许一点接地，但不允许长时间接地运行，尽快查找接地点，进行消除。

（4）在并列切换操作前，必须将两段母线电压调整一致，方可进行并列切换操作。

（5）直流系统在正常运行方式下，Ⅰ、Ⅱ段直流母线不允许经负荷回路并列，但负荷侧倒电源操作除外。

（6）浮充电方式运行的蓄电池组因故发生过放电或长期停用后，应进行均充。

665. 直流系统接地有何危害?

答: 在直流系统中，发生一极接地并不引起任何危害，但是一极接地长期工作是不允许的，因为当同一极的另一地点再发生接地时，可能使信号装置、继电保护和控制装置误动作或拒动作，或者当另外一极接地时，直流系统短路，造成严重后果。所以，不允许直流系统长期带一点接地运行，且当发生直流系统一点接地后，必须尽快将接地点查找出来进行处理。

666. 造成直流系统接地的原因有哪些?

答:（1）二次回路绝缘材料不合格、绝缘性能低或年久失修、严重老化。

（2）存在某些损伤缺陷，如磨伤、砸伤、压伤、扭伤或过电流引起的烧伤等。

（3）二次回路及设备严重污秽和受潮、接地盒进水，使直流对地绝缘严重下降。

（4）小动物爬入或小金属零件掉落在元件上造成直流接地故障，如老鼠、蜈蚣等小动物爬入带电回路。

（5）某些元件有线头，未使用的螺栓、垫圈等零件掉落在带电回路上。

667. 哪些部位容易发生直流接地？

答：（1）控制电缆线芯细，机械强度小，若施工时不小心，会伤到电缆绝缘，造成接地。

（2）室外电缆，其保护铁管中容易积水，时间长了造成接地。

（3）变压器的气体继电器接线处，因变压器渗油或防水不严，造成绝缘损坏接地。

（4）有些光字牌或照明的灯座，若更换灯泡不当，也易造成灯座接地。

（5）断路器的操作线圈等，若引线不良或线圈烧毁后绝缘破坏，易发生接地。

（6）室外开关箱内端子排被雨水浸入，室内端子排因房屋漏雨或做清洁打湿，均能造成接地。

（7）工作环境较恶劣的地方，设备端子受潮或积有灰尘等，由此造成绝缘降低引起接地。

668. 直流系统接地有何现象？如何处理？应注意什么？

答：现象：

（1）警铃响，发出“直流接地”信号。

（2）直流母线对地电压一极升高或为母线电压，另一极降低或为零。

处理方法：

（1）切换绝缘监察装置、在线监测装置，确定接地极和接地回路。

（2）询问各岗位有无操作。

（3）切换有操作的支路。

(4) 切换绝缘不良或有怀疑的去路。

(5) 根据天气、环境及负荷的重要性依次进行查找。

(6) 选择浮充电装置。

(7) 选择蓄电池及直流母线。

(8) 查找出接地点后，联系有关人员处理。

注意事项：

(1) 两人进行，一人操作，一人监护。

(2) 查找接地点时，必须使用高内阻电压表，禁止用灯泡查找接地点，以防直流回路短路。

(3) 在切断各专用直流回路时，不论回路接地与否，应立即合入。

(4) 查找过程中，切勿造成另一点接地。

(5) 当直流系统一点接地时，禁止在二次回路上工作。

669. 直流母线短路有何现象？如何处理？

答：现象：

(1) 出现弧光短路。

(2) 直流母线电压降至零。

(3) 蓄电池和整流装置电流剧增。

(4) 蓄电池熔丝熔断，整流装置跳闸。

处理方法：

(1) 断开整流装置的交流开关。

(2) 断开整流装置的直流开关。

(3) 如为整流装置短路，应由蓄电池供给直流负荷，迅速查明原因，清除故障后，将原系统恢复运行。

(4) 如为母线短路，则应将母线停电，待故障消除，测绝缘合格后，将原系统恢复运行。

670. UPS装置运行中有哪些检查项目？

答：(1) UPS装置柜内应清洁、无杂物。

(2) 开关、电缆各部接头无过热、松动、打火现象。

（3）装置运行无异常声响，无放电声音。

（4）装置冷却风扇运行良好，环境温度不超过 40℃。

（5）装置显示屏各信号灯、告警灯及告警声响正常。

（6）液晶显示仪上，电压、电流、功率、频率、负载等参数在规定范围内。

671. 蓄电池的正常检查项目有哪些？

答：（1）各接头连接线无松动、打火现象。

（2）电瓶瓶体完整，无裂纹、无腐蚀现象。

（3）电瓶各密封处无漏酸。

（4）电瓶无过热、膨胀现象。

672. 蓄电池着火如何处理？

答：（1）立即断开蓄电池出口开关。

（2）及时转移直流负荷或倒母线，防止保护误动。

（3）用二氧化碳灭火器或干粉灭火器灭火，注意防酸。

第四章
风 电 机 组

第一节 整 机

673. 风电机组如何分类?

答:（1）按容量可以分为小型、中型和大型风电机组。

（2）按风轮转速可分为定速型和变速型风电机组。

（3）按桨叶角度可分为失速型和变桨距型风电机组。变桨距型风电机组又分为电动变桨型风电机组和液压变桨型风电机组。

（4）按桨叶数量可分为单叶片、双叶片和三叶片等风电机组。

（5）按传动机构可分为齿轮箱升速型和直驱型风电机组。

（6）按发电机种类可分为异步型和同步型风电机组。

（7）按并网方式可分为并网型和离网型风电机组。

（8）按主轴与地面的相对位置可分为水平轴和垂直轴风电机组。水平轴风电机组随风轮与塔架相对位置的不同可分为上风向与下风向风电机组。

（9）按环境可分为高原型、平原型风电机组；常温型、低温型风电机组；常规型、耐腐蚀型等风电机组。

674. 目前风电机组的主流机型有哪些?发展趋势是怎样的?

答:目前风电机组的主流机型有水平轴、三叶片、上风向、管式塔。

发展趋势：从定桨距（失速型）向变桨距机组发展，从定转速向可变速机组发展，单机容量从小型化向大型化发展。

675. 风电机组的主要组成是怎样的?

答:风电机组一般由风轮、机舱、塔架和基础 4 部分组成。

676. 常见的并网型风电机组主要有哪几种类型？

答： 目前国内应用较为广泛的并网型风电机组主要有定桨恒速型、变桨变速型、齿轮型、直驱型等类型。

677. 并网型风电机组的功率调节方式分哪两种？

答： 并网型风电机组的功率调节方式：一种是定桨距失速调节，属于恒速机型，一般使用同步发电机或者鼠笼式异步发电机；另一种是变桨变速调节，一般采用双馈发电机或者永磁同步发电机。

678. 什么是定桨距恒速型风电机组？

答： 定桨距恒速型风轮叶轮与轮毂固定连接，结构简单，但是承受的荷载较大，当风速增加超过额定风速时，对功率进行失速调节。

679. 定桨距恒速型风电机组有何优、缺点？

答： 优点：

（1）机械结构简单，易于制造。

（2）控制原理简单，运行可靠性高。

缺点：

（1）额定风速高，风轮转换效率低。

（2）转速恒定，机电转换效率低。

（3）对电网影响大。

（4）常发生过负荷现象，加速机组的疲劳损坏。

（5）叶片结构复杂，较难制造。

（6）不适用于大功率风电机组。

680. 什么是变桨变速型风电机组？

答： 变桨变速技术就是将风电机组的桨距和转速做成可变的，通过控制使发电机在任何转速下都始终工作在最佳状态，机电转换效率达到最高，输出功率最大，而频率不变。

681. 变桨变速型风电机组有何优、缺点？

答：优点：

（1）机电转换效率高。

（2）不会发生过负荷现象。

（3）对电网影响小。

缺点：

（1）机组结构较为复杂。

（2）风轮转速和机组控制较复杂，运行维护的难度较大。

（3）需增加一套电子变流设施。

682. 变速变桨型风电机组的动力驱动系统有哪两种方案？

答：方案一：增速齿轮箱＋绕线式异步发电机＋双馈电力电子变流器。优点：采用高速发电机，体积小、质量轻，双馈变流器的容量仅与发电机的转差容量有关，效率高、价格低廉。缺点：增速齿轮箱结构复杂，易疲劳损坏。

方案二：无齿轮箱的直接驱动低速永磁发电机＋全功率变流器。无齿轮箱的可靠性高，但采用永磁发电机，体积大、运输困难，变流器需要全功率，成本高。

683. 什么是直驱型风电机组？

答：直驱型变桨变速恒频技术采用了风轮与发电机直接耦合的传动方式，发电机多采用多极同步发电机，通过全功率变流装置并网。

684. 直驱型风电机组有何优、缺点？

答：优点：

（1）省去了齿轮箱，传动效率得到进一步提高。

（2）避免了齿轮箱出现故障的情况。

缺点：

（1）因为无齿轮箱，发电机转速较慢，所以发电机的级数较多，增加了发电机的制造难度。

（2）电控系统复杂，运行维护的难度较大。

685. 什么是半直驱型风电机组？

答：采用比传统机组齿轮增速较小的齿轮增速装置，使发电机极数减少，从而缩小发电机尺寸，便于运输和吊装。发电机转速在传统齿轮箱和直驱机组之间，故称该风电机组为半直驱型风电机组。

686. 半直驱型风电机组有何优、缺点？

答：优点：使用简单的低速齿轮箱，提高了可靠性，减少了发电机极数，降低了发电机的制造难度，减少了发电机的体积和质量。

缺点：布局空间大，前、后底盘较大，传动链长，对连接部件的要求高。

687. 什么是额定风速？

答：风力发电机达到额定功率输出时规定的风速。

688. 什么是切入风速？

答：风力发电机开始发电时的最低风速。

689. 什么是生存风速？

答：生存风速指保证风电机组不倾覆的所处风速的最大值。

690. 什么是风电机组生存温度？

答：风电机组生存温度指风电机组运行时所能承受的极限温度。一般常温型的生存温度为－20～50℃，低温型的生存温度为－40～50℃。

691. 什么是风电机组运行温度?

答: 风电机组运行温度指风电机组可以正常运行的温度，一般常温型的运行温度为－10～40℃，低温型的运行温度为－30～40℃。

692. 风电机组产品型号的组成部分主要有什么?

答: 风电机组产品型号的组成部分主要有厂家标识、风轮直径和额定功率。

例如：歌美飒850kW风力发电机的型号为G58-850、东汽1500kW风力发电机的型号为FD77A-1500、上海电气1250kW风力发电机的型号为SEC-W01-1250、金风1500kW风力发电机的型号为GW82-1500。

693. 什么是风电机组功率曲线?

答: 风电机组功率曲线指风电机组的输出功率和风速的对应曲线，是描绘风电机组净电功率输出与风速的函数关系的图和表。

694. 风电机组的主要性能指标是什么?各性能指标反映什么问题?

答: 风电机组的主要性能指标是风电机组可利用率和功率曲线。

风电机组可利用率反映风电机组的可靠性，功率曲线反映风电机组的发电效率。

695. 哪些风电机组应重点巡视检查?

答:（1）故障处理后，重新投入运行的机组。

（2）启、停频繁的机组。

（3）负荷大、温度偏高的机组。

（4）带故障运行的机组。

（5）新投入运行的机组。

696. 风电机组的例行维护周期是怎样规定的?

答: 正常情况下，风电机组的年度例行维护周期是固定的。

新投入运行的机组：一个月试运行后首次维护，3个月后进行第二次维护。

已投入运行的机组：每半年维护一次，各时段的维护项目要按厂家规程进行。

697. 风电机组年度例行维护计划编制的依据及内容是什么？

答：风电机组年度例行维护计划的编制应以制造商提供的年度例行维护内容为主要依据，结合实际运行情况，在每个维护周期到来之前进行整体编制。

计划内容主要包括工作开始时间、工作进度计划、工作内容、主要技术措施和安全措施、人员安排，以及针对设备运行状况应注意的特殊检查项目等。

698. 哪些情况下，风电机组应进行停机处理？

答：（1）叶片处于不正常位置或与正常运行状态不符。

（2）主要保护装置拒动或失灵。

（3）因雷击损坏。

（4）发生叶片断裂等严重机械故障。

（5）出现制动系统故障。

699. 风电机组登机有何工作要求？

答：（1）任何情况下，应当把每次登机当作一次风电机组巡检。

（2）进入机舱后，用几分钟时间，先对所有设备进行巡检，再安排其他工作。

（3）巡检项目包括但不限于：①塔筒照明、防腐、电缆的固定、扭揽、中间接头、接地、平台盖板、吊物孔盖板等；②机舱内部照明、气味、油位、泄漏、异常声响及控制柜内电气设备的检查等。

（4）检查出问题后，能当前消除最好，对不影响机组运行的问题需做好记录，安排在下次登机时进行处理。

700. 风力发电防止电力生产重大事故的18项重点要求有哪些?

答: (1) 防止风力发电人身伤亡事故，主要包括防止高处坠落事故、防止触电事故、防止物体打击事故、防止机械伤害事故、防止起重伤害事故、防止中毒与窒息伤害事故、防止电力生产交通事故等。

(2) 防止风电机组火灾事故，主要包括防止电缆着火事故、防止变压器着火事故、防止风电机组火灾事故，以及防止风力发电引发森林、草原着火事故等。

(3) 防止风电机组倒塔事故。

(4) 防止风电机组主要部件损坏事故，主要包括防止风力发电机损坏事故、防止齿轮箱损坏事故、防止变流器损坏事故、防止主轴及轮毂损坏事故、防止叶片损坏事故等。

(5) 风电机组超速事故，指变桨系统、制动系统、控制系统等出现故障而导致风电机组发生的超速事故。

(6) 防止电气误操作事故。

(7) 防止破坏系统稳定事故。

(8) 防止机网失调事故及风电机组大面积脱网事故。

(9) 防止大型变压器损坏和互感器事故，主要包括防止变压器出口短路事故、防止变压器绝缘事故、防止变压器保护事故、防止分接开关事故、防止变压器套管事故、防止冷却系统事故、防止互感器事故、防止66/330kV的SF_6绝缘电流互感器事故等。

(10) 防止GIS、开关设备事故，主要包括防止GIS（包括HGIS)、SF_6断路器事故、防止隔离开关事故、防止接地开关事故、防止开关柜事故等。

(11) 防止接地网和过电压事故，主要包括防止接地网事故、防止雷电过电压事故、防止变压器过电压事故、防止谐振过电压事故、防止弧光接地过电压事故、防止无间隙金属氧化物避雷器事故等。

(12) 防止输电线路事故，主要包括防止倒塔事故、防止断线事故、防止绝缘子及金具断裂事故、防止风偏闪络事故、防止覆冰及舞动事故、防止鸟害闪络事故、防止外力破坏事故等。

（13）防止污闪事故。

（14）防止电力电缆损坏事故，主要包括防止电缆绝缘击穿事故、防止外力破坏和设施被盗、防止单芯电缆金属护层绝缘故障等。

（15）防止继电保护事故。

（16）防止电力调度自动化系统、电力通信网及信息系统事故，主要包括防止电力调度自动化系统事故、防止电力通信网事故、防止场站信息系统事故等。

（17）防止并联电容器装置事故，主要包括防止并联电容器装置用断路器、高压并联电容器、外熔断器、串联电感器、放电线圈、避雷器、电容器组保护部分等的事故。

（18）防止电场全停及重要客户停电事故。

701. 防止风电机组人身伤亡事故有哪些主要措施？

答：（1）保证良好的组织措施和技术措施。

（2）使用经检验合格的、可靠性高的安全工器具。

（3）安全防护设施标准符合安全标准。

（4）严格执行外包工程管理规定。

（5）对新技术、新标准加强学习，并在实际工作中严格执行。

702. 防止风电机组火灾事故应做好哪些工作？

答：（1）做好风力发电机本体内、外防火标语警示，保证风力发电机基础平台及机舱配备有足够的灭火设备、火灾预警设备，且都运行良好。

（2）使用红外线测温工具对各电缆接头、转动部分进行测温。

（3）防止机舱内各部件漏油，发现积油的情况应及时清理。

（4）在风力发电机本体上开展明火作业时，必须做好相应的防范措施。

（5）做好各项定期工作，如紧固螺栓（电气螺栓、连接头）。

（6）风力发电机内应使用阻燃电缆，做好防火封堵，并保证各电气元件符合国家标准。

（7）非金属油管破损必须更换。

（8）定期对风力发电机本体各加热装置进行检查，防止出现过热现象。

703. 防止风电机组倒塔事故主要有哪些手段？

答：（1）对风电机组的制造单位严格把关，科学监造。

（2）做好风电机组基础设计、运输与保管。

（3）对安装过程、工艺控制进行有效监督。

（4）定期进行金属探伤及检测基础沉降、螺栓力矩、塔筒表面的防腐情况。

（5）完善风电机组的重要保护功能。

（6）确保风电机组在任何情况下都具备收桨功能。

704. 如何防止风电机组轮毂（桨叶）脱落事故？

答：（1）严格按照风力发电机厂家的要求进行定期巡检和维护。

（2）定期对桨叶外观和声音进行检查。

（3）叶片严重覆冰时，应立即停止风电机的运行。

（4）安全链动作后，应检查振动、超速、轴承超温、功率的触发条件，恢复正常后，方可启动风电机组，杜绝盲目复位将风电机组投入运行。

（5）定期对叶片连接螺栓进行力矩检查。

705. 如何防止风电机组叶轮超速事故？

答：（1）严格按照风力发电机厂家的要求进行超速保护配置与校验（风力发电机调试期间，必须做超速保护试验）。

（2）确保刹车系统、转速检测装置完好。

（3）严禁解保护、改定值。

（4）转速不同步时，应立即停止风电机组的运行。

（5）确保风电机组的变桨系统、偏航系统运行正常。

（6）加强对变桨的后备电源的监视，杜绝出现变桨后备用电源电压低或失效的情况。

第二节 风轮和变桨系统

706. 风轮的作用？

答：风轮的作用：把风的动能转换成风轮的旋转机械能，通过传动链将旋机械能传递到发电机转换成电能。

707. 轮毂的主要功能是什么？轮毂的铸造材料是什么？

答：轮毂的功能是固定风力发电机的桨叶，并将固定好的桨叶与主轴相连，传递并承受所有来自叶片的荷载。

轮毂的铸造材料多为球墨铸铁。

708. 水平轴三叶片机组的刚性轮毂的外形分哪几种？不同外形的轮毂对应何种风电机组类型？

答：水平轴三叶片机组的刚性轮毂有两种外形：三叉形和球形。

三叉形刚性轮毂多用于失速型风电机组，球壳状刚性轮毂用于变桨变速风电机组。

709. 风轮的主要参数有哪些？

答：风轮的主要参数有叶片数量、风轮直径、轮毂高度、风轮扫掠面积、风轮锥角、风轮仰角、风轮偏航角、风轮实度。

710. 什么是风轮扫掠面积？

答：风轮扫掠面积指风轮在旋转平面上的投影面积。

711. 什么是风轮直径？

答：风轮直径指风轮在旋转平面上的投影圆的直径。风轮直径的大小与风轮的功率直接相关。

712. 什么是轮毂高度？

答：轮毂高度指风轮旋转中心到基础平面的垂直距离。

713. 什么是风轮锥角？

答：风轮锥角指叶片中心线相对于旋转轴垂直平面的倾斜角度。

714. 什么是风轮仰角？

答：风轮仰角指风轮的旋转轴线和水平面的夹角。

715. 风轮锥角和仰角各有何作用？

答：风轮锥角的作用是在运行状态下减小离心力引起的叶片弯曲应力，风轮仰角的作用是防止叶尖与塔架碰撞。

716. 什么是桨距角？

答：桨距角指叶片弦长与旋转平面的夹角。

717. 什么是风轮实度？

答：风轮实度指叶片在风轮旋转平面上投影面积的总和与风轮扫掠面积的比值，实度大小取决于叶尖速比。

718. 什么是叶尖速比？

答：叶尖速比是用来表述风力发电机特性的一个十分重要的参数。它等于叶片顶端的速度（圆周速度）除以风接触叶片之前很远距离处的速度。

叶片越长或者叶片转速越快，同风速下的叶尖速比就越大。

719. 什么是失速调节？

答：失速调节是定桨距风电机组利用气流流经叶片翼型时，

随着迎角的增加，翼型上的气流边界层逐渐从翼型表面分离，最终完全脱离翼型表面的原理。

720. 什么是定桨距失速型风电机组的安装角?

答: 定桨距失速型风电机组的叶片以一个固定角度安装在轮毂上，这个角度称为安装角。

721. 失速型风电机组安装角有何影响?

答: 叶片的安装角度要尽量达到最佳，否则影响机组的额定输出功率。一般情况下，在风电机组运行一段时间后，需要对其进行调整，以适应当地的风速条件，提高机组输出功率的水平。

722. 什么是变桨距控制?

答: 变桨距控制是应用翼型的升力系数与气流迎角的关系，通过改变叶片的桨距角而改变气流迎角，使翼型的升力变化。

723. 调节变桨距风电机组桨距角的目的是什么?

答:（1）启动，获得比较大的启动扭矩，以使叶轮克服驱动系统的空载阻力矩。

（2）限制功率输出，在额定风速后，使功率平稳，保护机械和电路系统，同时可以降低荷载。

（3）刹车，提供很大的气动阻力，使叶轮的转速快速降低，避免机械刹车造成的惯性力太大而带来的伤害。

724. 变桨控制有何优点?

答:（1）风速低于额定风速时，可通过变桨改变叶片桨距角提高风电机组的效率。

（2）风速高于额定风速时，可通过变桨限制风电机组的功率，使其在额定功率下运行。

（3）停机时，使叶片处于顺桨状态，以保护叶片和机组的安全。

725. 变桨系统的主要功能是什么？

答：变桨系统是安装在轮毂内作为空气制动或通过改变叶片角度（螺距）对机组运行进行功率控制的装置。它的主要功能如下：变桨功能，即通过精细的角度变化，使叶片向顺桨方向转动，改变叶轮转速，实现机组的功率控制，这一过程往往是在机组达到其额定功率后开始执行；制动功能，通过变桨系统，将叶片转动到顺桨位置以产生空气制动效果，和轴系的机械制动装置共同使机组安全停机。

726. 叶片的基本参数有哪些？

答：叶片的基本参数有叶片长度、扭角、翼型、叶片面积、叶片弦长。

727. 叶片设计包含哪两部分？

答：一是气动设计（外形设计），二是结构设计。

728. 叶片设计规则涉及哪几项？

答：叶片设计规则涉及极限变形、固有频率、叶片轴线的位置、积水、防雷击保护等。

729. 叶片空气动力刹车设计原则是什么？

答：空气动力刹车系统一般采用失效-安全型设计原则，即在风电机组的控制系统和安全系统正常工作时，空气动力刹车系统才可以恢复到机组的正常运行位置，机组可以正常投入运行；如果风电机组的控制系统或安全系统出现故障，那么空气动力刹车系统立即启动，使机组安全停机。

730. 叶片空气动力刹车怎样实现安全停机？

答：叶片空气动力刹车实现安全停机主要是通过叶片形状的改变使气流受阻碍，变桨距风电机组叶片旋转大约90°（顺桨），定桨距风电机组主要是叶尖部分旋转产生阻力，使风轮转速快速下降。

731. 水平轴风电机组风轮叶片的主体结构是什么结构？

答：水平轴风电机组风轮叶片的主体结构为梁、壳结构。

732. 叶片制造材料主要有哪些？各有哪些优点？

答：用于制造叶片的主要材料有玻璃纤维增强塑料（GRP）、碳纤维增强塑料（CFRP）、木材、钢和铝等。

目前绝大多数叶片都采用复合材料制造，基体树脂根据化学性质的不同分为环氧树脂、不饱和聚酯树脂、乙烯基树脂等。

复合材料具有以下优点：可设计性强、易成型性好、耐腐蚀性强、维护少、易修补。

733. 叶片根部结构分哪两种形式？

答：叶片根部结构有螺纹件预埋式和钻孔组装式两种形式。

734. 叶片损坏的形式有哪几种？

答：叶片损坏的形式有普通损坏、前缘腐蚀、前缘开裂、后缘损坏、叶根断裂、表面裂缝、雷击损坏等。

735. 叶片常用的无损检测方法有哪几种？

答：叶片常用的无损检测方法有磁粉探伤、渗透探伤、超声波探伤、金属磁记忆、射线检测等。

736. 变桨系统按执行机构分主要有哪两种？按控制方式分有哪几种？

答：（1）按执行机构分主要有液压变桨距和电动变桨距两种。

（2）按控制方式分有统一变桨和独立变桨两种。

737. 变桨系统传动常用的驱动方式有哪几种？

答：（1）伺服电机通过齿形皮带驱动。

（2）伺服油缸推动连杆驱动。

（3）电机齿轮减速器齿轮驱动。

738. 液压变桨距系统主要由哪几部分组成？各部分的作用是什么？

答： 液压变桨距系统主要由液压泵站、控制阀块、蓄能器与执行机构伺服油缸等组成。

液压泵站：泵站利用油泵和控制阀组为伺服系统提供压力油源。

控制阀块：通过控制阀块来控制液压油缸活塞杆位置的变化。

液压油缸：结合位移传感器的电液比例阀控制活塞位移实现伺服驱动。

蓄能器：在正常状态下，将液压系统中的压力油储存起来，在系统故障或需要时又重新释放到液压系统中。蓄能器主要分为皮囊式蓄能器与活塞式蓄能器。

739. 统一液压变桨系统的原理是什么？

答： 原理：液压缸安装在主轴齿轮箱后面，液压活塞通过主轴和齿轮箱后，与变桨杆连在一起，变桨杆把轴向力矩传播到变桨机构上，这个力通过双列球轴承传递，作为液压活塞和变桨杆组成的一个不旋转的系统，把力传到变桨机构上，这个变桨机构与风轮的旋转速度相同。

740. 液压变桨的常见故障有哪些？

答：（1）控制系统错误。

（2）桨叶角度与测量值不符。

（3）机械卡涩。

（4）位移传感器故障。

（5）液压缸泄漏等。

741. 电动变桨系统主要由哪些部件组成？

答： 电动变桨系统主要由变桨驱动装置、传感器（限位、接近开关)、后备电源、轮毂控制器等部件组成。

742. 电动变桨系统的常见故障有哪些?

答:(1)叶片角度不一致。

(2)后备电源异常。

(3)变桨速度超限。

(4)变桨位置传感器故障。

(5)变桨限位开关故障。

(6)变桨充电器故障。

(7)变桨安全链故障。

(8)变桨电机温度故障。

(9)变桨伺服装置故障。

743. 叶片角度不一致会产生什么后果?

答:叶片角度不一致会引起发电效率降低、传动链受力不平衡、机舱及塔筒振动、主轴承损坏等故障,严重时会造成叶片折断。

744. 叶片维护的主要项目有哪些?如何处理?

答:(1)检查叶片表面有无砂眼、裂纹,特别注意在最大弦长位置附近处的后缘。

(2)检查叶尖有无磨损和开裂。

(3)检查叶片表面的污染程度。

(4)检查叶片防雨罩与叶片壳体间密封是否完好。

(5)检查叶片表面是否有腐蚀现象。

(6)检查叶片有无雷击损坏现象。

如存在上述情况,应做如下记录:机组号、叶片号、长度、方向及可能的原因,在隐患处标记,并进行拍照记录。如果在叶片根部或叶片承载部分发现裂纹或裂缝,机组必须立即停机修复。

745. 雷击后的叶片可能存在哪些损伤?

答:(1)在叶尖附近可能产生小面积的损伤。

（2）叶片表面有火烧黑的痕迹，远距离看像油脂或油污点。

（3）叶尖或边缘裂开。

（4）在叶片表面有裂纹。

（5）在叶片缓慢旋转时，叶片发出“咔嗒”声。

746. 风电机组叶片发出异常声响有哪些原因？

答：（1）叶尖开裂。

（2）叶片折断。

（3）叶片的引雷器损坏。

（4）叶片的 3M 保护胶带脱落。

（5）叶片上有异物。

（6）叶片胶衣损坏。

（7）叶片受到腐蚀。

（8）叶片受到碰撞损伤。

（9）叶片结冰等。

747. 修复后，叶片投入运行 72h 内有何注意事项？

答：（1）是否存在异常声响。

（2）是否出现振动。

（3）胶衣是否固化完全。

748. 风电机组叶片出现哪些情况应立即停机修复？

答：（1）叶片折断。

（2）叶尖开裂。

（3）接闪器脱落。

（4）叶根开裂。

（5）变形或开裂。

（6）雷击后开裂，玻璃纤维损坏。

（7）主梁变形、损坏。

749. 叶片巡视检查的重点部位有哪些？

答：叶片巡视检查的重点部位有叶尖、叶根、接闪器、主梁等。

750. 叶片易遭受雷击的原因有哪些?

答: 原因：接闪器损坏、接地系统接地不良、叶片污垢严重、引雷系统接地不良、叶尖进水潮湿等。

751. 轮毂定检项目有哪些?

答:（1）轮毂内壁防潮，是否有雨水或凝结的露水。

（2）蓄电池是否有酸液泄漏。

（3）防雷电装置、轮毂内电缆是否完好。

（4）轮毂所有螺栓是否有丢失、损坏、松动现象。

752. 变桨通信滑环主要由哪些部件组成?

答: 变桨通信滑环主要由滑环体、电刷装置、加热装置等部件组成。

滑环体以浇铸的方式制成，即把黄铜环铸到环氧树脂里，再进行机械加工，表面进行了镀金。

电刷装置的集电器是用硬金弹簧丝制成的，接触压力通过预定的弯曲角调节，各个电刷被卡在板内。

753. 如何清洗变桨通信滑环?

答: 对于可以打开的滑环，检查滑环内部是否有油污或污染，若有，则进行清洗。工作时，必须对变桨通信滑环采用无水乙醇进行清洗和采用克虏伯专用润滑剂进行保养。

754. 变桨驱动系统的定检项目有哪些?

答:（1）检查表面清洁度。

（2）检查表面防腐层。

（3）检查变桨电机是否过热及有无异常噪声等。

（4）检查变桨齿轮箱润滑油。

（5）检查变桨驱动装置螺栓是否紧固。

755. 变桨轴承的定检项目有哪些？

答：（1）检查表面清洁度。

（2）检查表面防腐涂层。

（3）检查变桨轴承齿面情况。

（4）紧固变桨轴承螺栓。

（5）按规定润滑变桨轴承。

756. 简述变桨轴承加注油脂的操作流程。

答：对变桨轴承加注油脂，应根据机组运行情况对每个油嘴均匀加注。加注的时候，松掉排油孔堵头，直到旧油从排油孔被挤出。

757. 螺栓的安装步骤是怎样的？安装注意事项有哪些？

答：螺栓安装步骤：

（1）根据螺栓特性进行安装前预处理，如浸油。

（2）在螺栓上加垫片。

（3）清洁螺孔。

（4）用扳手预紧固螺栓。

（5）用液压扳手紧固螺栓到规定力矩值。

（6）对紧固后的螺栓做好防松标记。

螺栓安装注意事项：

（1）检查螺纹孔内是否清洁。

（2）谨防力矩不足或过力矩。

（3）谨防液压扳手伤人。

（4）谨防高空落物。

758. 如何预防叶片变桨轴承损坏？

答：（1）保证轴承有足够的润滑，确保润滑脂品质优良无污染、油路畅通、自动注油装置运行正常，手动加注油脂时注意清洁加油嘴。

（2）定期检查轴承螺栓的预紧力，防止螺栓松动导致轴承受力不均损坏。

759. 导流罩损伤的原因有哪些？

答：（1）腐蚀。

（2）胶衣脱落。

（3）工器具及硬物撞击等。

第三节　机舱和传动链系统

760. 机舱主要由哪些部件构成？

答：机舱主要由主轴、齿轮箱、联轴器、发电机、偏航系统、冷却系统、液压系统、变流器、控制柜、维护吊车及主机架、机舱罩、整流罩等部件构成。

761. 机舱内设备的布置原则是什么？

答：（1）操作和维修方便。

（2）尽量保持机舱平衡，使机舱的重心位于机舱的对称面内，偏向塔筒轴线一方。

762. 常用机舱底座有哪两种？各有何优、缺点？

答：常用机舱底座有焊接机舱底座和铸件底座。

焊接机舱底座一般采用板材，焊接结构具有强度高、质量轻、生产周期短和施工简便等优点，但其尺寸的稳定性往往由于热处理不当而受到影响。

铸件底座一般采用球墨铸铁，铸件尺寸稳定，吸振性和低温性能较好。

763. 机舱底座的功能是什么？

答：机舱底座是主传动链和偏航机构固定的基础，并能将荷载传递到塔筒上去。

764. 机舱罩的功能是什么?

答: 机舱罩用于机舱内设备的保护，也是维修人员高空作业的安全屏障。

765. 导流罩的功能是什么?

答: 导流罩是置于轮毂前面的罩子，其功能是减少轮毂的阻力和保护轮毂中的设备。

766. 机械传动系统由哪些主要部件组成?

答: 机械传动系统由轮毂、主轴、齿轮箱、制动器、联轴器及安全装置等主要部件组成。

767. 传动系统各主要部件的功能是什么?

答: 轮毂承载着叶片并与主轴相接，通过主轴将风轮叶片产生的转矩传递给齿轮箱。

齿轮箱传递扭矩和提高转速，通过增速，传动得以实现，一般采用行星齿轮或行星加平行轴齿轮相组合的传动结构。

联轴器连接齿轮箱和发电机，传递扭矩，通过绝缘构件阻止发电机磁化齿轮箱内的齿轮和轴承等钢制零件，避免发生电腐蚀现象，还设置有扭矩限制装置，用以保护传动轴系，防止过载运行。

768. 主轴在传动系统中的作用?

答: 在主流机型中，主轴是风轮的转轴，支撑风轮，并将风轮的扭矩传递给齿轮箱，将轴向推力、气动弯矩传递给底座。

769. 主轴承如何检查?

答: 当风轮缓慢转动时，观察轴承盖内是否有轴承噪声或振动。若有异常噪声或主轴承运行不平稳，则尝试以下方法检查主轴承游隙。

停止风电机组的运行，让风轮缓慢转动，观察主轴承与轴承盖之间的运动。尝试在轴承盖上安装一个数字千分表，把探头放在主轴承上，并做与前面所述相同的测试，如果游隙超过厂家规定值，说明轴承磨损，需要进一步处理。

770. 简述手动给主轴承注油的方法。

答：(1) 风轮缓慢转动，手动或电动加油脂，直到新油脂或轴承盖内的油脂被挤出或达到额定值后停止加油。

(2) 加快风轮转速到大约额定转速的 2/3，并保持该状态，直到没有油脂再被挤出。

(3) 清理集油盒及轴承端盖密封处的废油脂。

771. 主轴承损坏的原因有哪些?

答：(1) 荷载大，荷载冲击。

(2) 安装不良。

(3) 润滑不良。

(4) 进入异物。

(5) 轴承内圈与外圈发生倾斜。

(6) 轴承箱精度不良。

(7) 叶轮偏心。

(8) 叶片动平衡超差。

772. 主轴巡视有哪些重点检查内容?

答：(1) 检查主轴与轮毂连接部位的固定螺栓。

(2) 检查主轴承的唇式密封。

(3) 检查主轴端盖螺栓。

(4) 检查主轴承座和底盘的连接螺栓。

(5) 检查主轴前、后轴承的温度差异。

(6) 检查主轴运转时是否存在异常声响。

773. 齿轮箱由哪些部分组成?

答：齿轮箱由输入轴、输出轴、行星齿轮、斜齿、太阳轴、加热系统、油位计、温度传感器、机械泵、油路分配器、润滑系统、散热系统等组成。

774. 齿轮箱的主要参数有哪些?

答: 齿轮箱的主要参数有传动比、充油量、净重、输入转速、输出转速、运行温度、润滑压力等。

775. 双馈风电机组机械传动系统的布置可分哪几种?

答: 双馈风电机组机械传动系统的布置按主轴轴承的支撑方式，一般分为两种：一种为挑臂梁结构，主轴由两个轴承所支撑；一种为悬臂梁结构，主轴的一端支撑为轴承架，另一端支撑为齿轮箱，也就是三点式支撑。

776. 齿轮泵分为哪几种?

答: 齿轮泵可分为外啮合齿轮泵和内啮合齿轮泵两种。

777. 齿轮箱内部检查的内容有哪些?

答: 当齿轮箱放空油，并按要求正确清洗后，检查齿轮箱内部部件的状况。

(1) 检查齿轮箱内部，视觉观察齿轮箱和轴承是否有磨损。

(2) 通过行星齿轮箱前部叶轮端的观察孔，检查齿轮和齿圈是否有裂痕。

(3) 使风电机组偏离风向缓速转动，观察每个齿轮的情况。

(4) 缓慢转动风轮，检查齿轮咬合是否有异常声响，盘车是否灵活。

(5) 对环形齿轮边缘的残留油进行肉眼检查。检查油中是否有可见的金属屑或其他污染物。

778. 哪些情况应对齿轮箱油进行特别检查分析?

答: (1) 环境温度引起箱体内壁产生水珠，使油污染形成沉淀。

(2) 齿轮箱内油的温度经常在80℃以上。

(3) 因间断性的重载引起油温急速上升。

(4) 齿轮箱在极度潮湿的情况下工作。

779. 风电机组初次运行时，应对齿轮箱进行哪些检查?

答: (1) 安装位置的准确性。

(2) 紧固件紧固的可靠性。

(3) 齿轮箱中的油面高度是否符合要求，油的牌号及黏度是否符合要求。

(4) 叶轮、发电机的转向是否正确。

(5) 联轴器防护罩、接地线及其防护装置是否装好。

(6) 检查润滑系统、冷却系统及监控系统。

(7) 管路连接的正确性。

(8) 管路连接的各紧固件紧固的可靠性。

(9) 油泵转向的正确性。

(10) 压力表、监测仪表、控制装置、开关等是否牢固可靠。

780. 齿轮箱的定检项目有哪些?

答: (1) 主轴与齿轮箱的连接或轮毂与齿轮箱的连接。

(2) 齿轮箱的声音有无异常。

(3) 油温、油色、油位是否正常。

(4) 润滑冷却系统是否有泄漏。

(5) 箱体外观是否异常。

(6) 过滤器是否需要更换。

(7) 定期要求油品公司对润滑油进行化验。

(8) 弹性支撑是否老化。

(9) 各螺栓是否松动。

(10) 打开观察盖板，检查齿轮的啮合情况。

(11) 高速轴刹车盘处的连接情况。

(12) 各传感器、电加热器是否正常工作。

781. 齿轮箱常见故障有哪几种？

答：（1）齿轮损伤。

（2）齿轮折断，断齿又分过载折断、疲劳折断及随机断裂等。

（3）齿面疲劳。

（4）胶合。

（5）轴承损伤。

（6）断轴。

（7）油温高等。

782. 什么是齿轮的点蚀现象？

答：齿轮的点蚀是齿轮传动的失效形式之一，即齿轮在传递动力时，在两齿轮的工作面上将产生很大的压力，随着使用时间的增加，在齿面便产生细小的疲劳裂纹。若裂纹中渗入润滑油，在另一个轮齿的挤压下被封闭的裂纹中的油压力就随之增高，加速裂纹的扩展，直至轮齿表面有小块金属脱落，形成小坑，这种现象被称为点蚀。

齿轮表面点蚀造成传动不平稳和噪声增大。齿轮点蚀常发生在闭式传动中，当齿轮强度不高，且润滑油稀薄时，尤其容易发生。

783. 什么是齿轮的胶合现象？

答：互相啮合的轮齿齿面，在一定的温度或压力作用下发生黏着，随着齿面的相对运动，使金属从齿面上撕落而引起严重的黏着磨损现象称为胶合。

784. 润滑油的作用是什么？

答：（1）减小摩擦和磨损，具有较高的承载能力，防止胶合。

（2）吸收冲击和振动。

（3）防止疲劳点蚀。

（4）冷却、防锈、抗腐蚀。

风力发电齿轮箱属于闭式齿轮传动类型，其主要的失效形式是胶合与点蚀，故在选择润滑油时，重点是保证有足够的油膜厚度和边界膜强度。

785. 如何对齿轮油取样?

答：使用规定的油品取样瓶，在齿轮箱过滤器排污阀处按规定提取油样，在油样上贴标签，并标明所采样机组号，取样过程中及取样后保持油样清洁。

786. 齿轮箱油温高的原因有哪些?

答：（1）齿轮油劣化。

（2）齿轮箱充油量过多或过少。

（3）齿轮油散热油路堵塞。

（4）散热片表面堵塞，散热不畅。

（5）齿轮箱油泵故障。

（6）温控阀故障。

（7）传感器故障。

（8）齿轮箱加热装置失灵，长期加热。

（9）轴承异常。

787. 齿轮箱运行时发出异常声响的原因有哪些?

答：（1）齿面点蚀或断齿。

（2）机械泵故障。

（3）轴承损坏或间隙过大。

（4）润滑不良。

（5）齿轮箱进入异物。

788. 齿轮箱异常振动的原因有哪些?

答：（1）扭力臂减振块变形。

（2）收缩盘力矩松动。

（3）联轴器耳盘损坏。

（4）对中不良。

(5) 断齿或齿面点蚀。

(6) 轴承损坏等。

789. 齿轮箱轴承损坏的原因有哪些?

答: (1) 润滑不良。

(2) 齿轮箱进入异物。

(3) 对中不良。

(4) 冲击过载。

(5) 自然磨损。

790. 齿轮箱断齿的原因有哪些?

答: 断齿常由细微裂纹逐步扩展而成。根据裂纹扩展的情况和断齿的原因，断齿可分为过载折断、疲劳折断以及随机断裂等。

过载折断是由于作用在齿轮上的应力超过其极限应力，裂纹迅速扩展，常见原因：突然冲击超载、轴承损坏、轴弯曲或较大硬物挤入啮合区等；材质缺陷、齿面精度太差、轮齿根部未做精细处理等。

疲劳折断是轮齿在过高的交变应力重复作用下，从危险截面(如齿根)的疲劳源引发的疲劳裂纹不断扩展，使轮齿剩余截面上的应力超过其极限应力，造成瞬时折断。

随机断裂的原因通常是材料缺陷，点蚀、剥落或其他应力集中造成的局部应力过大，还可能是较大的硬质异物落入啮合区。

791. 齿轮箱异常高温如何检查?

答: 首先要检查润滑油供应是否充分，特别是在各主要润滑点处，必须要有足够的油液润滑和冷却；其次要检查各传动零部件有无卡滞现象；还要检查机组的振动情况，前后连接接头是否松动等。

792. 联轴器分几种类型?

答: (1) 钢性联轴器。

（2）半挠性（弹性）联轴器。

（3）挠性（弹性）联轴器。

793. 风电机组的高速端和低速端分别采用哪种型号的联轴器？

答：风电机组的低速端多采用钢性联轴器，高速端采用挠性联轴器。

794. 弹性联轴器可分为哪几种？

答：弹性联轴器可分为两种：膜片式联轴器、连杆式联轴器。

795. 对弹性联轴器有何基本要求？

答：（1）强度高、承载能力大。因为风电机组的传动轴系有可能发生瞬时尖峰荷载，所以要求联轴器的许用瞬时最大转矩为许用长期转矩的3倍以上。

（2）弹性高，阻尼大，具有足够的减振能力。把冲击和振动产生的振幅降低到允许的范围内。

（3）具有足够的补偿性，满足工作时两轴发生位移的需要。

（4）工作可靠、性能稳定，对具有橡胶弹性元件的联轴器还应具有耐热性、不易老化等特性。

796. 弹性联轴器的重点检查项目有哪些？

答：（1）检查联轴器外观。

（2）检查橡胶接头是否有裂痕或老化。

（3）检查连杆固定螺栓的力矩。

（4）检查连杆有无裂纹。

（5）检查定位环是否移位或变形。

797. 联轴器的定检项目有哪些？

答：（1）检查表面的防腐涂层是否有脱落。

（2）检查表面清洁度。

（3）检查连接螺栓有无松动。

（4）检查联轴器是否安装防护罩，防护罩固定是否牢固。

（5）检查轴的平行度误差是否在允许范围内。

（6）检查联轴器膜片是否有损坏，并且检查相应的连接法兰，确保其没有损坏。

798. 风电机组的机械刹车最常用的工具是什么？

答：在风电机组中，最常用的机械刹车形式为盘式、液压、常闭式制动器。

799. 机械制动器的工作原理是怎样的？

答：机械制动器的工作原理：利用非旋转元件与旋转元件之间的相互摩擦来阻止转动或转动的趋势。

800. 机械制动装置的组成有哪些？

答：机械制动装置一般由液压系统、执行机构（制动器）、辅助部分（管路、保护配件等）组成。

801. 机械制动中，制动器分为哪几种类型？

答：制动器按照工作状态分为常闭和常开两种，利用常闭式制动器的制动机构称为被动制动机构，利用常开式制动器的制动机构称为主动制动机构。常用机械制动器为盘式液压制动器。

802. 什么是常闭式制动器？

答：常闭式制动器一般指有液压力或电磁力拖动时，制动器处于松开状态的制动器。

803. 什么是常开式制动器？

答：常开式制动器一般指有液压力或电磁力拖动时，处于锁紧状态的制动器。

804. 盘式制动器可分为哪几种？

答：盘式制动器可分为钳盘式、全盘式及锥盘式 3 种。

最常用的盘式制动器是钳盘式制动器，这种制动器的摩擦块与制动盘的接触面积小，在盘中所占的中心角一般仅30°～50°，故又称为点盘式制动器。

805. 钳盘式制动器可分哪几种？各有何特点？

答： 钳盘式制动器按照结构形式区分，可分为固定钳式和浮动钳式。

固定钳式：制动器固定不动，制动盘两侧均有液压缸，制动时，液压缸驱驶两侧摩擦块作相向移动。

浮动钳式可分为滑动钳式和摆动钳式两种。风电机组一般使用滑动钳式制动器，可以相对于制动盘作轴向滑动，且只在制动盘的内侧置有液压缸。

806. 制动器安装在高速轴上和低速轴上有何区别？

答： 制动器设在低速轴时，其制动功能直接作用在风轮上，可靠性高，并且制动力矩不会变成齿轮箱荷载，但是制动力矩大，并且在主轴内置型的齿轮箱上设置较为困难。高速轴上制动器的优、缺点则正好情形相反。

失速型风电机组制动器常安装在低速轴上，变桨距风电机组制动器则安装在高速轴上。

807. 如何合理利用机械制动锁定风轮？

答： 登陆机舱控制面板，进入维护模式，手动松开高速轴制动器，用手盘动高速刹车盘，缓慢校准机械销轴与定位盘插孔对齐，手动刹车，完全将机械销轴穿入定位盘。

808. 机械制动机构的检查包括哪些项目？

答：（1）接线端子有无松动。

（2）制动盘和制动块的间隙不得超过厂家规定数值。

（3）制动块磨损程度。

（4）制动盘有无磨损和裂缝，是否松动，如需更换，按厂家规定标准执行。

（5）液压系统各测点压力是否正常。

（6）液压连接软管和液压缸的泄漏与磨损情况。

（7）根据力矩表100％紧固机械制动器的相应螺栓。

（8）检查液压油位是否正常。

（9）按规定更新过滤器。

（10）测量制动时间，并按规定进行调整。

809. 更换制动盘的注意事项有哪些？

答：（1）拆卸联轴器及耳盘时，防止机械伤害。

（2）拆卸刹车卡钳时，应将急停按钮触发，并将液压系统的压力全部释放。

（3）应将叶轮锁锁定。

（4）拆卸刹车卡钳支架时，应注意支架固定螺栓的调整垫片。

（5）拆卸刹车盘时，应注意丝杠前方不应站人。

（6）刹车盘加热时，应注意防止火灾发生。

（7）回装刹车盘时，应注意防止烫伤。

（8）在刹车盘处工作时，应注意防止高空落物。

810. 简述齿轮箱高速轴与发电机的对中步骤。

答：（1）拆下联轴器保护罩。

（2）拆下弹性联轴器。

（3）拆下弹性联轴器固定耳板。

（4）装设对中工具，进行对中。

（5）松开发电机地脚螺栓。

（6）调整发电机地脚，直到满足对中要求。

（7）拆下对中工具。

（8）回装弹性联轴器固定耳板。

（9）回装弹性联轴器。

（10）回装联轴器保护罩，完成对中。

811. 哪些问题会影响风电机组轴系的动平衡?

答:(1)齿轮箱与发电机对中偏差过大。

(2)弹性联轴器耳盘损坏。

(3)集电环变形。

(4)高速刹车盘变形。

(5)发电机本体动平衡超差。

(6)叶轮动平衡超差。

812. 机舱整体振动的原因有哪些?

答:(1)叶片角度不一致。

(2)机舱位置偏移。

(3)发电机轴承损坏。

(4)轴系动平衡超差。

(5)齿轮箱减振块变形。

(6)发电机对中不良。

(7)主轴、发电机地脚螺栓松动。

(8)发电机转速传感器异常。

第四节 发电机和变流器

813. 并网型风电机组的常用发电机有哪几种?

答:(1)异步发电机。

(2)双馈异步发电机。

(3)永磁或电励磁同步发电机。

814. 异步发电机按照转子结构可分为哪几种?应用机型有哪些?

答:异步发电机按转子结构分为鼠笼式异步发电机和绕线式异步发电机。

鼠笼式异步发电机主要用于定桨距风电机组,早期1MW以下的机型应用较多。

目前主要用于变桨距变频风电机组的双馈异步发电机是一种绕线式异步发电机。

815. 同步发电机按照励磁方式可分为哪几种？应用机型有哪些？

答：同步发电机按照励磁方式的不同，有永磁同步发电机和电励磁同步发电机两种，主要用于直驱型和半直驱动型风电机组。

816. 同步发电机的基本结构是怎样的？

答：同步发电机基本由以下两部分构成。

（1）静止部分，即电枢称为定子，主要由定子铁芯、三相定子绕组和机座等组成。

（2）旋转部分，即磁极称为转子，主要由转轴、转子支架、轮环、磁极和励磁绕组等组成。

817. 异步发电机的基本结构是怎样的？

答：异步发电机由定子、转子、端盖、轴承等部件组成。

定子由定子铁芯、定子三相绕组和机座组成。

转子由转子铁芯、转子绕组及转轴组成。其中，转子铁芯和转子绕组分别作为发电机磁路和发电机电路的组成部分参与工作。

818. 发电机铭牌的 3 类性能指标有哪些？

答：（1）电气性能。

（2）绝缘及防护性能。

（3）机械性能。

819. 发电机监控信号有哪些？

答：电压、电流、功率、温度、转速等。

820. 发电机冷却方式有哪几种？

答：发电机冷却方式有两种：水冷和空气冷却。

821. 水冷发电机是怎样进行冷却的?

答: 发电机冷却水自发电机壳体水套，经水泵强制循环，通过热交换器和蓄水箱后返回发电机壳体水套，所使用的冷却水是防冻液和蒸馏水按一定比例混合，调整冰点应满足当地最低气温的要求。

822. 空冷发电机是怎样进行冷却的?

答: 发电机中所产生的废热通过闭回路的内部空气回路被输送到热交换器，在热交换器中被冷却。内部空气回路是由转子的设置而自然形成的。

823. 单相异步电动机获得圆形旋转磁场的条件是什么?

答: 要在单相异步电动机中获得圆形旋转磁场，必须具备以下 3 个条件。

(1) 电动机具有在空间位置上的相差 90°电角度的两相绕组。

(2) 两相绕组中通入相位差为 90°的两相电流。

(3) 两相绕组所产生的磁动势的幅值相等。

824. 发电机巡检时有哪些项目?

答: (1) 检查发电机及轴承的声音，应该是均匀的转动声音，没有异常声响。

(2) 轴承的温度在规定的范围内，应小于 80℃。

(3) 定子绕组的温度在规定的范围内。

(4) 电刷的长度不小于 22mm。电刷不打火，滑环光滑且颜色正常。

(5) 发电机的振动值不大于 1.8mm/s，地脚螺栓不松动。

(6) 发电机接线盒内无异味。

(7) 检查发电机地脚上的橡胶元件与金属部分间，应无铁锈或裂纹。

825. 发电机的定检项目有哪些?

答: (1) 发电机运行无异常噪声和振动。

(2) 发电机无异常过热现象，散热系统良好。

(3) 发电机轴承润滑良好。

(4) 各接线端接线良好，无松动、虚接现象。

(5) 各连接螺栓紧固。

(6) 进行直阻、绝缘等测试。

826. 集电环维护应做哪些准备工作?

答: 维修集电环时，将风电机组停止运行，断开发电机电路上的断路器或电扇电源，激活紧急停机按钮，用电压表检查单元是否带电，并检查加热器和风扇是否关掉，等待 5min 后才能移开侧盖进行工作。

827. 异步发电机的工作原理是什么?

答: 发电机定子接通电源，吸收无功功率，产生旋转磁场；转子由原动机拖动旋转，当转速高于同步转速时，则电磁转矩的方向与旋转方向相反，异步发电机将进入发电状态，转子上的机械能通过气隙磁场的耦合作用，转化为定子向电源输出的有功电流，从而实现机械能向电能的转化。

828. 同步发电机的工作原理是什么?

答: 将转子通以直流电进行励磁或在转子上安装永磁体，将建立起励磁磁场，即主磁场。当原动机拖动转子旋转时，励磁磁场随转子一起旋转，并顺次切割定子各项绕组所产生的磁力线。由于定子绕组与主磁场之间的相对切割运行，根据电磁感应原理，定子绕组中将会感应出大小和方向按周期性变化的三相对称交变感应电势。

829. 变速恒频双馈异步发电机的工作原理是什么?

答: 变速恒频双馈异步发电机的定子绕组接工频电网，转子绕组由具有可调节频率、相位、幅值和相序的三相电源励磁，采用双向可逆专用变流器。变速恒频双馈异步发电机可以在不同的风速下运行，其转速可以随风速的变化做相应调整，使风力发电机的运行始终处于最佳状态，提高了风能的利用率。同时，通过控制馈入转子绕组的电流参数，不仅可以保持定子输出的电压和频率不变，还可以调节输入到电网的功率因数，提高系统的稳定性。

变速恒频：转子的转速跟踪风速的变化，定子侧恒频恒压输出。

$$f_1 = pf_m \pm f_2$$

$$f_m = n/60$$

式中 f_1——定子电流频率，与电网频率相同；

p——发电机极对数；

f_m——转子机械频率；

f_2——转子电流频率；

n——发电机转子转速。

n 小于定子旋转磁场的同步转速 n_s 时，处于亚同步运行状态，上式取正号，此时变流器向发电机转子提供交流励磁，发电机由定子发出电能给电网。

n 大于 n_s 时，处于超同步运行状态，上式取负号，此时发电机由定子和转子发出电能给电网，变流器的能量逆向流动。

n 等于 n_s 时，处于同步运行状态，$f_2=0$，变流器向转子提供直流励磁。

因此，当发电机转速 n 变化时，即 pf_m 变化，若控制 f_2 的相应变化，可使 f_1 保持恒定不变，即与电网频率保持一致，也就实现了变速恒频控制。

830. 造成风力发电机绕组绝缘电阻低的原因有哪些?

答：造成风力发电机绕组绝缘电阻低的可能原因有发电机温度过高、机械性损伤、潮湿、灰尘、导电微粒或其他污染物污染侵蚀发电机绕组等。

831. 发电机振动大有哪些原因？怎么处理？

答：(1) 与原动机耦合不好，应重新耦合好。

(2) 定子绕组绝缘损坏或硅钢片松动，应更换绝缘或定子。

(3) 转子平衡不好，应重校动平衡。

(4) 发电机系统振动太大，应调整系统振动。

(5) 转子断条，应更换转子。

(6) 旋转部分松动，应检查转子，对症处理。

832. 发电机噪声大有哪些原因？怎么处理？

答：(1) 装配不好，重新装配好。

(2) 轴承损坏，应更换轴承。

(3) 定子绕组绝缘损坏或硅钢片松动，应更换定子或绝缘。

(4) 旋转部分松动，检查后对症处理。

833. 发电机轴承过热有哪些原因？怎么处理？

答：(1) 轴承型号不对，应更换轴承。

(2) 滚珠损坏，应更换轴承。

(3) 润滑脂过多或不足，应维持适量的润滑脂。

(4) 轴承与轴配合过松（走圈内）或过紧。过松时，可用金属喷镀或镶套筒；过紧时，则需重新加工。

(5) 轴承与端盖配合过松（走外圈）或过紧，过松时，可用金属喷镀或镶套筒；过紧时，则需要重新加工。

(6) 润滑脂牌号不对，应更换润滑脂。

834. 双馈异步发电机变流器由哪几部分组成？

答：双馈异步发电机变流器由机侧变流器、直流电压中间电路、电网侧变流器组成。机侧变流器由 IGBT 模块和控制电子单元组成。

835. 变流器的主要功能有哪些？

答：(1) 变速恒频控制。

(2) 最大风能跟踪。

(3) 双向潮流控制。

(4) 功率因数调节。

836. 双馈异步发电机变流器同步的条件有哪些?

答: 同步的条件有 5 个，这 5 个条件必须同时满足波形相同、频率相同、幅值相同、相位相同、相序一致。

837. 2 极对双馈发电机的同步转速、额定转速分别是多少?

答: 同步转速为 1500r/min，额定转速约为 1800r/min。

838. 双馈变流器输出功率和定子输出功率有何关系?

答:

$$P = P_1 - sP_1$$

$$s = (n_0 - n)/n_0$$

式中 P——变流器输出功率;

P_1——定子输出功率;

s——转差率。

n_0——发电机同步转速;

n——发电机实际转速。

839. 双馈发电机的定子功率、幅值、相位等如何控制?

答: 由变流器通过控制转子励磁电流的频率、幅值、相位等来控制定子的输出。

840. 维护变流器时，为何停机后 5min 才能开始工作?

答: 因为母线电容上存在 DC 1000 的高压，停机 5min 后，母线电容会通过放电电阻将母线电压泄放到安全电压以下。

841. 双馈风力发电机中，d*u*/d*t* 电感器的作用是什么?

答: d*u*/d*t* 电感器可以降低输出电压的变化率，改善转子承受的电应力，延长发电机转子的绝缘寿命。

842. 双馈风力发电机中，主动 Crowbar 的作用？

答： 作用：抑制转子侧过电流和直流母线过电压，实现对变流器的保护。

843. 发电机码盘（编码器）的作用是什么？

答： 编码器用来实时精确测量发电机转速。

844. 定子、转子旋转频率、转子励磁频率有何关系？

答：

$$f_1 = pf_m + f_2$$

式中 f_1——定子侧电流频率；

p——发电机极对数；

f_m——转子旋转频率；

f_2——转子励磁频率。

845. 变速恒频是如何实现的？

答： 根据转子的旋转频率实时调节转子励磁电流的频率，可以实现变速恒频。

846. 双馈变流器转子功率的流向和速度有何关系？

答： 双馈变流器在同步转速以下运行时，功率从电网流向变流器，再流向转子；在同步转速以上运行时，功率从转子流向变流器，然后流向电网。

847. 功率和转矩的关系是怎样的？

答：

$$P = Tn/9550$$

式中 T——电机转矩，N·m；

P——电机有功功率，kW；

n——电机转速，r/min。

848. 双馈变流器和全功率变流器流过的功率哪个大？

答： 全功率变流器流过的功率和额定容量是一致的，而双馈变流器流过的功率只有额定容量的1/4左右，因此全功率变流器流过的功率大一些。

849. 简述更换发电机轴承的基本步骤及注意事项。

答：（1）断开风力发电机的定子开关及转子开关。

（2）拆卸联轴器及保护罩，应防止机械伤害。

（3）拆卸发电机相应辅助件。

（4）拆卸转速传感器码盘、转速传感器、温度传感器等相应辅助件。

（5）拆卸轴承端盖。

（6）拆卸发电机端盖固定螺栓。

（7）使用千斤顶将发电机大轴支起，以免发电机端盖与轴承分离时发电机转子与定子接触，造成发电机内部绝缘损坏。

（8）拆卸发电机轴承，拔拆丝杠时，丝杠前方严禁站人；对轴承进行局部加热应防止火灾的发生。

（9）使用轴承加热器对新轴承进行加热，加热时，人员应远离轴承加热器，以免磁辐射对工作人员造成伤害。

（10）回装发电机轴承，注意轴承加热的温度较高，工作人员应使用隔热手套，以免烫伤。

（11）回装发电机端盖，回装时，应使用之前的方法将发电机大轴支起，以确保轴承端盖能正确安装。

（12）回装轴承端盖、转速传感器、码盘、温度传感器等相应附件。

（13）回装发电机相应附件。

（14）完成发电机的回装工作后，对发电机绝缘进行测试，以确认发电机绝缘合格。

（15）对风力发电机进行电极测试、转速测试，齿轮箱与发电机重新对中，完成发电机轴承的更换。

850. 简述发电机集电环的更换步骤。

答：（1）断开风力发电机转子侧开关。

（2）拆卸旋转编码器保护罩。

（3）拆卸发电机尾部联轴器锁紧顶丝。

（4）拆卸旋转编码器支架。

（5）拆卸滑环接线柱与发电机转轴中电缆的连接，拆卸相应附件。

（6）拆卸加长轴，将电刷全部取出。

（7）使用丝杠、千斤顶、专用工具将集电环拔出（注意：拔集电环时，丝杠前端严禁站人）。

（8）对集电环进行加热，应均匀加热，以免集电环局部受热而炸裂；回装集电环。

（9）回装电刷、滑环接线柱与发电机转轴中电缆的连接（注意：如果连接螺栓外露，应加装相应的绝缘保护）。

（10）回装加长轴，完成后，使用对中工具校对旋转编码器与加长轴的同心度。

（11）回装旋转编码器、旋转编码器支架及旋转编码器护罩。

（12）进行发电机电极测试，完成发电机集电环的更换。

851. 更换发电机电刷的注意事项？

答：（1）工作前，应使用万用表测量是否存在电压，在确保无电压后才可工作。

（2）使用风力发电机急停按钮，确保风力发电机不会发生转动。

（3）做好个人防护，使用防尘面具，穿防护服。

（4）更换过程中应确保电刷的各个固定螺栓紧固牢靠。

（5）更换过程中，还应注意电刷刷辫的方向，避免刷辫与旋转部位摩擦，造成风力发电机故障。

（6）更换完成后，应认真检查滑环室内无遗留工具及杂物。

852. 双馈变流器网侧主熔断器的作用是什么？

答：变流器网侧主回路主接触器前面的主熔断器是未来在网侧过电流时，保护网侧功率模块用的，一般使用快速熔断器，选型时需要使用原始设计器件，不能使用非原始设计的，不能选用非快速熔断器。

853. 双馈变流器一级结构和二级结构分别是什么意思？两者中的哪一种更可靠？为什么？

答：（1）双馈变流器一级结构指网侧采用主接触器，定子回路采用断路器式并网开关；二级结构是在一级结构的基础上，在网侧和定子侧总的输出端加一个主断路器，在一级结构并网开关位置采用并网接触器。

（2）二级结构更安全可靠。

一级结构存在的问题：并网开关会频繁动作，导致并网开关位置处的断路器很快达到寿命次数，需要定期维护和更换。同时，断路器在停机时如果脱不开，会导致机侧功率模块损坏。

二级结构的优点：由于在并网开关处使用接触器，寿命可达50万次，不存在寿命问题。同时，前端主断路器在风力发电机存在故障或短路时能及时脱扣，保护变流器。因此，二级结构更安全可靠。

第五节 偏 航 系 统

854. 什么是偏航？

答：水平轴风电机组风轮轴绕垂直轴的旋转叫作偏航。

855. 偏航系统可分为哪几种？有何区别？

答：偏航系统可分为主动偏航系统和被动偏航系统。

主动偏航系统应用液压机构或者电动机和齿轮机构来使风电机组对风，大型风电机组多采用主动偏航系统。

被动偏航系统的偏航力矩由风力产生，下风向风电机组和安装尾舵的上风向风电机组的偏航属于被动偏航，不能实现电缆自动解缆，易发生电缆过扭故障。

856. 偏航系统一般由哪几部分组成？

答：偏航系统一般由偏航轴承、偏航驱动装置、偏航制动器、偏航计数器、扭缆保护装置、偏航液压回路、风速风向仪等几个部分组成。

857. 偏航系统具备哪些功能？

答：（1）跟踪风向变化，让风轮始终处于迎风位置。

（2）测量机舱方位与偏航角度。

（3）防止电缆扭搅，必要时进行电缆解缆操作。

（4）启动偏航时提供一定阻尼力矩，保持偏航运行平稳。

（5）偏航停止时，提供足够大的阻尼力矩，保持风电机组在当前的位置。

858. 偏航轴承从结构形式上可分为哪几种？

答：偏航轴承从结构形式上可分为滑动轴承和滚动轴承两种。

859. 偏航制动器按结构形式可分为哪几种？

答：偏航制动器应采用钳盘式制动器。其按结构形式可分为常闭式钳盘制动器和常开式钳盘制动器两种。

常闭式钳盘制动器采用弹簧夹紧，电力或液压拖动松闸来实现阻尼偏航和失效安全。

常开式钳盘制动器应采用制动期间高压夹紧、偏航期间低压夹紧的形式实现阻尼偏航。

860. 偏航传感器有哪几种？

答：偏航传感器有偏航计数器和接近开关。

861. 风电机组启动偏航的条件是什么？

答：风电机组无论处于运行状态，还是待机状态，均能主动偏航对风。在风轮前部或机舱一侧装有风向仪，当风电机组的航向（风轮主轴分方向）与风向仪指向偏离超过规定值，且时间达到要求时，计算机发出偏航指令。

862. 偏航系统重点巡视检查的项目有哪些？

答：（1）偏航齿圈固定螺栓的检查。

（2）偏航齿面的检查。

（3）偏航刹车盘表面的检查。

（4）偏航刹车压力的检查。

（5）偏航过程中是否存在异常声响。

（6）偏航卡钳外观的检查。

（7）偏航系统径向滑板的检查。

863. 限位开关有什么作用？

答：限位开关是防止电缆缠绕而设置的传感器，当机舱偏航旋转圈数达到规定值时，限位开关发出信号，整个机组快速停机。

864. 接近开关有什么作用？

答：接近开关是一个光传感器，利用偏航齿圈齿的高低不同使得光信号不同，从而采集光信号并计数。

通过两个接近开关采集的信号，控制系统控制机组偏航，对准风向，且偏航角度不超过规定值，防止电缆缠绕。

865. 偏航异常噪声产生的原因有哪些？

答：（1）润滑油或润滑脂严重缺失。

（2）偏航阻尼力矩过大。

（3）齿轮副轮齿损坏。

（4）偏航驱动装置中油位过低。

（5）制动卡钳压力过高或过低。

866. 偏航定位不准确的原因有哪些？

答：（1）风向标信号不准确。

（2）偏航系统的阻尼力矩过大或过小。

（3）偏航制动力矩达不到机组的设计值。

（4）偏航系统的偏航齿圈与偏航驱动装置的齿轮之间的齿侧间隙过大。

（5）接近开关故障。

867. 偏航系统的常见故障有哪几种？

答：（1）齿圈、齿面磨损。

（2）液压管路渗漏。

（3）偏航压力不稳。

（4）异常噪声，机舱振动过大。

（5）偏航定位不准确。

（6）偏航计数器故障。

868. 偏航定位不准确的原因有哪些？

答：（1）风向标信号不准确。

（2）偏航系统的阻尼力矩过大或过小。

（3）偏航制动力矩达不到机组的设计值。

（4）偏航系统的偏航齿圈与偏航驱动装置的齿轮之间的齿侧间隙过大。

（5）偏航计数器故障。

869. 偏航系统的定检项目有哪些？

答：（1）检查偏航轴承，齿轮无磨损、裂纹。

（2）检查偏航减速器油位正常，无渗油，与底座连接螺栓连接牢固。

（3）偏航制动闸体、液压接头紧固、无渗漏，偏航时无异常声响。

（4）偏航刹车片厚度正常，无裂纹、损坏。

（5）偏航电机无异常声响，接线良好，接地可靠，电缆无破损。

870. 更换偏航卡钳有何注意事项?

答:(1)更换偏航卡钳时，应将液压系统压力全部释放。

(2)使用液压扳手拆卸卡钳固定螺栓时，应注意防止反作用臂夹伤手指。

(3)搬运偏航卡钳时，应防止砸伤。

(4)偏航卡钳刹车片磨损信号线接线应正确。

(5)更换偏航卡钳后应进行测试，检查油管有无渗漏，卡钳运行是否正常。

871. 简述偏航卡钳漏油的修复步骤。

答:(1)将液压系统压力释放。

(2)拆卸偏航卡钳油管。

(3)使用液压扳手拆卸偏航卡钳。

(4)使用专用工具将偏航卡钳油缸活塞全部取出。

(5)使用工具将偏航卡钳内所有密封圈取出。

(6)清洁油缸及油室。

(7)更换新的密封圈，更换时，应将密封圈安装到位、牢靠，安装过程中不可用力过猛，以免密封圈损坏。

872. 偏航减速机损坏的原因有哪些?

答:(1)偏航齿轮卡塞，偏航减速机过载。

(2)偏航减速机润滑不良。

(3)偏航减速机相应的连接螺栓松动，造成偏航减速机损坏等。

873. 偏航齿盘断齿的原因有哪些?

答:(1)偏航齿圈的强度不够。

(2)偏航轴承损坏。

(3)偏航电机缺少电磁刹车，造成偏航齿轮受到冲击。

(4)偏航系统卡塞，使偏航齿轮过载折断。

(5)偏航齿轮润滑不良，造成齿面磨损。

(6)疲劳损坏。

874. 防止偏航制动盘严重磨损的手段有哪些？

答：(1) 清除偏航卡钳异物。

(2) 调整偏航刹车压力。

(3) 定期检查偏航制动片的磨损程度。

875. 偏航电机过热的原因有哪些？

答：(1) 偏航电磁刹车不释放。

(2) 偏航齿轮卡涩。

(3) 偏航系统润滑不良，导致电机过载。

(4) 偏航电机散热风扇损坏。

(5) 偏航电机轴承损坏。

(6) 偏航减速机损坏。

(7) 偏航刹车压力不释放。

876. 手动润滑偏航齿盘的注意事项有哪些？

答：(1) 润滑脂涂抹均匀，使每个齿面润滑充分。

(2) 避免偏航齿圈与偏航计数器啮合齿轮夹伤手指。

(3) 涂抹偏航润滑脂时，应使用安全带及安全绳。

(4) 润换过程中，应避免杂物混入。

第六节　电控和保护系统

877. 风电控制系统按位置分有哪几种？

答：(1) 电网的远程控制系统。

(2) 风电场群集中控制中心。

(3) 风电场集中控制系统。

(4) 机组控制系统。

878. 风电机组控制优先级从高到低怎样排序？

答：机舱控制→塔基控制→主控室控制→风电场群集中控制

中心。

879. 风电机组手动启动和停机方式有哪些?

答:(1)远程操作。在远程终端上操作启动键和停机键。

(2)主控室操作。在主控室操作计算机启动键和停机键。

(3)就地操作。在塔基柜的控制盘上操作启动键和停机键。

(4)机舱上操作。在机舱的控制盘上操作启动键和停机键,但机舱上操作仅限于调试、维护时使用。

880. 异常情况需立即停机应如何进行操作?

答:风电机组因异常情况需要立即停机时,其操作的顺序是利用主控计算机遥控停机;遥控停机无效时,则就地按停机按钮停机;在停机按钮无效时,使用紧急按钮停机;在上述操作仍无效时,拉开风电机组的主开关或连接此台机组的线路断路器,之后疏散现场人员,做好必要的安全措施,避免事故范围扩大。

881. 控制系统有哪些控制功能?

答:(1)启动。

(2)停机。

(3)负载连接和并网控制。

(4)功率控制。

(5)温度控制。

(6)偏航对风控制。

(7)扭缆控制和自动解缆。

(8)变桨控制。

(9)保护部分。

882. 风电机组监控系统都监控哪些参数?

答:风电机组监控系统对风速、转速、功率、振动、温度、电压、频率、反馈信号等进行监控。

883. 风电机组有哪些运行状态?

答:(1) 待机状态。

(2) 启动状态。

(3) 发电运行状态。

(4) 暂停状态。

(5) 停机状态。

(6) 故障停机状态。

(7) 急停按钮状态。

884. 简述风电机组塔基控制面板的登录步骤。

答:登录控制面板,先单击"登录"按钮,然后在数字小键盘处输入密码后登录。

885. 风电机组手动控制的项目有哪些?

答:风电机组手动控制的项目主要有变桨、刹车、偏航、齿轮箱油冷系统、发电机水冷和空冷、机舱加热等。

886. 变速恒频发电机组的三段控制要求是什么?

答:(1) 低风速段输出功率小于额定功率,按输出功率最大化的要求进行变速控制。

(2) 中风速段为过渡区段,发电机转速已达到额定值,而功率尚未达到额定值。桨距角控制投入工作,风速增加时,控制器限制转速上升,而功率则随着风速的增加而上升,直到达到额定功率。

(3) 高风速段风速增加时,转速靠桨距角控制,功率靠变流器控制。

887. 常见的控制系统包含哪3个部分?

答:常见的控制系统包含主控系统、变桨系统、变流器3个部分。

主控系统包含机舱控制模块、塔基控制模块、变桨控制模块。

888. 控制系统中有哪些传感器？

答：控制系统中的传感器主要有风速、风向传感器及加热元件，温度传感器（Pt100），转速传感器，编码器，位移传感器，偏航传感器。

889. 温度传感器 Pt100 的工作原理是怎样的？

答：Pt100 传感器是可变电阻器，随着温度的增加，电阻器的阻值增加。Pt100 传感器是利用铂电阻的阻值随温度变化而变化，并呈一定函数关系的特性来进行测温。

890. 风电机组有哪几种测温方式？重点测温部位有哪些？

答：风电机组在线测温常用的是 Pt 测温，利用 Pt 在一定温度范围内电阻的线性变化测温。重点测温部位有发电机绕组、轴承、齿轮箱轴承及油温、液压站油温、环境温度、直流母线排等。

风电机组巡视检查有红外线测温、红外成像、粘贴测温纸等。巡视的重点部位有一次电缆接头、开关柜、定子转子接线盒等。

891. 什么是风电机组控制系统的安全链？

答：为了保证人员及风电机组的安全，对风电机组配备了一套完整的安全链保护系统，将可能对风力发电机造成致命伤害的超常故障串联成一个回路。当安全链动作后，将引起紧急停机，执行机构失电，机组瞬间脱网，控制系统在 3s 左右将机组平稳停止，从而最大限度地保证机组的安全。

892. 简述安全链回路的组成。

答：风电机组安全链保护系统具有振动、过速和电气过负荷等极限状态的安全保护作用，其保护动作直接触发安全链，而产生机组紧急停机动作，不受计算机控制。

安全链应包括超速、振动、紧急停机按钮、扭缆、控制柜故障等响应环节。

893. 按下急停按钮时，风电机组有哪些反应？

答：当按下急停按钮时，紧急停机被激活。此时，桨叶变桨，刹车制动，风电机组将停机。同时，全部电动机都将停机，所有的运动部件都停下来。但灯管和控制柜仍有电力供应。

894. 运行人员监测风电机组的重要参数有哪些？

答：运行人员监测风电机组的重要参数有风速、风向、发电机转速、叶片角度、发电机功率、各部温度等。

895. 运行人员如何判断变桨系统是否正常？

答：(1) 观察3个桨叶的角度是否相同。

(2) 低风速时，观察叶片角度是否为最大工作角。

(3) 中风速时，观察叶片角度是否接近最大工作角。

896. 运行人员如何判断偏航系统是否正常？

答：(1) 观察机舱角度是否接近解缆规定值。

(2) 观察机舱角度与风向偏差是否超过允许值。

897. 运行人员如何判断液压系统是否运行正常？

答：观察液压系统各项参数（如液压站油位、反馈信号和工作压力）是否正常。

898. 运行人员如何判断风力发电机的输出功率是否正常？

答：(1) 风速与功率是否匹配。

(2) 实际功率曲线与标准功率曲线是否匹配。

(3) 与邻近风力发电机的输出功率是否有较大差距。

(4) 未达到额定功率前，叶片角度是否在最大工作角。

(5) 机舱位置与风向偏差是否过大。

899. 运行人员如何判断水冷系统是否运行正常？

答：(1) 与邻近风力发电机的温度是否有较大差异。

（2）发电机的参数是否正常。
（3）冷却水的温度、压力是否正常。

900. 运行人员如何判断齿轮箱冷却系统是否正常？
答：（1）与邻近风力发电机齿轮箱的温度是否存在较大差异。
（2）齿轮油压力是否正常。
（3）冷却器进出口温度是否正常。

901. 风电机组一次回路的重点检查部位有哪些？
答：（1）发电机定子系统绝缘。
（2）转子系统绝缘。
（3）电缆有无破损。
（4）接触器及断路器有无过热老化。
（5）母线排有无过热老化。

902. 如何防护风电机组扭缆时的电缆磨损？
答：（1）对电缆易磨损部位加设防磨损护圈。
（2）定期检查电缆的绑扎情况，并做到及时处理。

903. 风电机组通信故障有何原因？
答：（1）光缆或接头损坏。
（2）通信电子元器件故障。
（3）电磁干扰。
（4）部分连接部位松动。
（5）信号衰减。

904. 风电机组主开关跳闸的原因有哪些？
答：（1）电网波动。
（2）电压不平衡。
（3）雷击。
（4）发电机损坏。

（5）开关本体故障。

（6）短路。

（7）过载。

第七节　液压及润滑系统

905. 风电机组液压系统由哪些主要部件组成？

答：风电机组液压系统一般由电动机、油泵、油箱、过滤器、管路、蓄能器及各种液压阀等组成。

906. 液压泵的分类和主要参数有哪些？

答：液压泵按其结构形式分为齿轮泵、叶片泵、柱塞泵和螺杆泵。

液压泵按泵的流量能否调节分为定量泵和变量泵。

液压泵按泵的输油方向能否改变分为单向泵和双向泵。

液压泵的主要参数有压力和流量。

907. 简述液压系统中蓄能器的作用。

答：（1）储存能量。

（2）吸收瞬间高压，使系统压力保持平缓。

（3）补偿系统内泄压力，减少液压泵启、停次数。

908. 液压基本回路有哪几大类？作用分别是什么？

答：液压基本回路通常分为方向控制回路、压力控制回路和速度控制回路 3 大类。

方向控制回路的作用是利用换向阀控制执行元件的启动、停止、换向及锁紧等。

压力控制回路的作用是通过压力控制阀来完成系统的压力控制，实现调压、增压、减压、卸荷和顺序动作等，以满足执行元件在力或转矩及各种动作变化时对系统压力的要求。

速度控制回路的作用是控制液压系统中执行元件的运动速度

或速度切换。

909. 简述液压传动的工作原理。

答：液压传动的工作原理是利用液体的压力传递运动和动力。先利用动力元件将原动机的机械能转换成液体的压力能，再利用执行元件将体液的压力能转换为机械能，驱动工作部件运动。

液压系统工作时，还可利用各种控制元件对油液进行压力、流量和方向的控制与调节，以满足工作部件对压力、速度和方向上的要求。

910. 液压系统中，滤油器的安装位置有哪些？

答：（1）液压泵回油管路上。

（2）系统压力管道上。

（3）系统旁通油路上。

（4）系统回油管路上。

（5）单独设立的滤油器管路上。

911. 如何更换液压油？

答：首先关闭液压站电源保护开关，释放系统压力，将一个带有接头的油管接至最末端偏航刹车器上的泄油孔，闭合电源开关，手动触发液压泵继电器缓慢打压。此时，从油管流出脏油，观察油的清洁程度，油清洁后，停止泄油，密封堵头。

采用同样的方法，将油管接至主轴刹车器上的泄油孔，触发继电器，将主轴刹车回路内的脏油清除。

补充油：直接在液压站上的加油口上加油。加完油后，合上电源，复位系统。当系统压力达到额定值时，再观察观测窗内的油位情况，若油位过低，则需再补充少量油。补充完毕后，应将加油口盖子盖好。

912. 液压传动有哪些优、缺点？

答：优点：

（1）传动平稳，易于频繁换向。

（2）质量轻，体积小，动作灵敏。

（3）承载能力大。

（4）调速范围大，易于实现无级调速。

（5）易于实现过载保护。

（6）液压元件能够自动润滑，元件的使用寿命长。

（7）容易实现各种复杂的动作。

（8）简化机械结构，便于实现自动化控制。

（9）便于实现系列化、标准化和通用化。

缺点：

（1）液压元件的制造精度要求高。

（2）实现定比传动困难。

（3）油液易受温度影响。

（4）不适宜远距离传动动力。

（5）油液中混入空气容易影响工作性能。

（6）油液容易被污染。

（7）若发生故障，不容易检查和排除。

913. 液压站单向阀的工作原理是什么？

答：液压油只能沿着一个方向导通依靠压力顶起弹簧控制的阀瓣，压力消失后，弹簧力将阀瓣压下，封闭液体倒流。

914. 液压站比例阀的工作原理是什么？

答：比例阀是一种输出量与输入信号成比例的液压阀。它可以按给定的输入信号连续地、按比例地控制液流的压力、流量和方向。

915. 液压站限压阀的工作原理是什么？

答：当压力达到限压阀定值的时候，限压阀旁路会导通，从而达到限压作用。

916. 什么原因会造成液压站打压频繁?

答:(1)液压变桨风力发电机反馈信号不准确。

(2)频繁变桨导致系统压力流失。

(3)液压泵发电机老化,输出功率不足。

(4)液压站蓄能器预充压力不足。

(5)液压系统有泄漏点。

917. 液压站打压频繁造成哪些元件缩短寿命?

答:(1)控制液压站打压的接触器。

(2)液压站发电机。

(3)液压站泵。

(4)各种阀块。

918. 液压泵工作超时故障的原因有哪些?

答:(1)液压发电机的电源异常,控制继电器异常或接线松动。

(2)液压发电机或液压泵损坏,液压管路漏油或破裂。

(3)主接触器或辅助触点损坏。

(4)泄压阀未紧固,系统溢流阀异常。

(5)压力传感器或时间继电器损坏。

919. 液压系统的定检项目有哪些?

答:(1)检查液压缸体完好无破损,密封处无渗漏。

(2)检查各种液压阀体、液压油管无渗漏。

(3)检查液压油位正常。

(4)检查液压系统压力在正常范围内。

(5)检查过滤器,若堵塞指示器为红色,则更换滤芯。

(6)检查接油盒完好,接油盒内无残留油渍。

(7)检查蓄能器的预充压力。

920. 液压故障停机后应如何检查、处理?

答:检查油泵是否工作正常,液压回路是否渗漏。若油压异常，应检查液压泵电动机、液压管路、液压缸及有关阀体和压力开关等。必要时，应进一步检查液压泵本体工作是否正常。待故障排除后，再将机组恢复运行。

921. 什么是液压系统的“爬行”现象？产生该现象的原因是什么？

答：液压传动系统中，当液压缸或液压马达低速运行时，可能产生时断时续的运动现象，这种现象称为“爬行”。

产生“爬行”现象的原因有以下3点。

（1）和摩擦力特性有关，若静摩擦力与动摩擦力相等，摩擦力没有降落特性，就不易产生“爬行”。因此，检查液压缸内密封件安装的正确与否，对消除“爬行”是很重要的。

（2）与转动系统的刚度有关。当油中混入空气时，油的有效体积弹性系数大大降低，系统刚度减小，就容易产生“爬行”现象。因此，必须防止空气进入液压系统，并设法排除系统中的空气。

（3）供油流量不稳定、油液变质或污染等也会引起“爬行”现象。

922. 查找液压站内泄的方法是什么？

答：（1）通过控制块检查液压系统的压力是否下降异常。

（2）采用耳听方式初步确定泄漏点。

（3）采用压力表连接不同测点检查压力值的变化情况。

（4）通过不同的测试方法检查各个油路的状态，初步判断故障油路，逐渐缩小查找范围。

（5）采用液压站解体检查的方法查找故障点。

923. 风电机组需要油脂润滑的部位有哪些？

答：风电机组需要油脂润滑的部位有主轴轴承、发电机轴承、偏航回转轴承、偏航齿圈的齿面、偏航齿盘表面。

924. 风电机组的齿轮箱常采用什么方式润滑?

答: 风电机组的齿轮箱常采用飞溅润滑或强制润滑，一般为强制润滑。

925. 齿轮箱油冷系统的组成是怎样的?

答: 齿轮箱油冷系统由油泵、过滤器、热交换器、压力继电器组成。

926. 齿轮油系统的作用是什么?

答: (1) 限制并控制齿轮温度。

(2) 齿轮油过滤。

(3) 对轴承和齿轮进行强迫润滑。

927. 齿轮箱润滑油的作用是什么?

答: (1) 对轴承齿轮起保护作用。

(2) 减小磨损和摩擦，具有较高的承载能力，防止胶合。

(3) 吸收冲击和振动。

(4) 防止疲劳、点蚀、微点蚀。

(5) 冷却、防锈、抗腐蚀。

928. 如何检查齿轮箱油位?

答: 检查齿轮箱内的油位要在齿轮箱停止至少10min后。

通过齿轮箱的油位计确定油位，拔出油位计并擦干净，将它拧回去再拔出以得到正确读数。其他油位由观察孔显示。

929. 位移传感器的工作原理是什么?

答: 通过电位器元件将机械位移转换成与之成线性或任意函数关系的电阻或电压输出。

930. 齿轮箱压力润滑故障的原因有哪些?

答: (1) 机械泵卡涩。

(2) 润滑油中混有杂质、铁屑等。

(3) 压力测点接线松动。

(4) 油管堵塞。

(5) 压力回路泄压。

931. 长时间使用齿轮箱加热装置对齿轮油有何危害?

答: (1) 造成润滑油温度高，影响传动过程中的润滑效果。

(2) 造成润滑油局部过热，温度过高，油品急剧劣化，影响齿轮油的使用寿命。

第八节 塔 筒

932. 塔筒的作用是什么?

答: (1) 获得较高且稳定的风速，即让风轮处于风能最佳的位置。

(2) 给风轮及主机（机舱）提供满足功能要求的、可靠的固定支撑。

(3) 提供安装、维修等工作的平台。

933. 单段塔筒的理想长度是多少米？为什么?

答: 单段塔筒的理想长度不超过 30m。

原因：主要是考虑道路运输困难，塔筒的质量、体积和道路转弯半径的影响。

934. 塔筒附件主要由哪些组成?

答: 塔筒附件主要包括工作平台、爬梯、防坠装置（钢丝绳、防坠导轨）、电缆架、电控柜（塔基控制柜、变流器、断路器、辅助变压器等）、照明系统、助爬器（升降机）等。

935. 塔筒内部重点部位的检查有哪些?

答: (1) 爬梯所有连接螺栓是否紧固牢靠。

（2）爬梯是否存在开焊点，是否存在裂纹。

（3）安全绳是否有断股现象。

（4）安全索道是否润滑良好、无卡涩。

（5）照明是否正常。

936. 塔筒照明的常见故障有哪些？

答：（1）照明设备本身损坏。

（2）每层连接部位松动，连接不牢靠。

（3）电源线破损断裂。

（4）开关损坏。

937. 风电机组的基础类型有哪些？

答：陆上基础分类：后板块、多桩和混凝土单桩形式。

海上基础分类：单桩固定式、三角架固定式、混凝土重力固定式、钢制重力固定式、浮置式。

第九节 防 雷 系 统

938. 风电机组的雷电接受和传导的途径是什么？

答：雷电由在叶片表面的接闪电极引导，由雷电引下线传到叶片根部，通过叶片根部传给叶片法兰，通过叶片法兰和变桨轴承传到轮毂，通过轮毂法兰和主轴承传到主轴，通过主轴和基座传到偏航轴承，通过偏航轴承和塔架最终导入接地网。

939. 叶片防雷击系统由哪些部件构成？

答：叶片防雷系统由接闪器和敷设在叶片内腔连接到叶片根部的导引线构成。雷电接闪器是一个特殊设计的不锈钢螺杆，装置在叶片尖部，即叶片最可能被袭击的部位，接闪器可以经受多次雷电的袭击，受损后也可以更换。雷电传导部分在叶片内部将雷电从接闪器通过导引线导入叶片根部的金属法兰，通过轮毂、主轴传至机舱，再通过偏航轴承和塔架最终导入接地网。

940. 叶片防雷击系统的作用是什么？对导线截面积有何要求？

答：叶片防雷击系统的主要目标是避免雷电直击叶片本体，而导致叶片本身发热膨胀、迸裂损害。

推荐的叶片防雷击导线的截面积为 $50mm^2$。

941. 叶片雷击记录卡的作用是什么？

答：叶片雷击记录卡能详细记录雷击的次数与时间。通过叶片雷击记录卡做出相应的设备维护方案。

942. 机舱防雷击系统由哪些部件构成？

答：机舱顶上装有避雷针，机舱主机架与叶片、机舱顶上的避雷针连接，再连接到塔架和基础的接地网。

机舱上层平台为钢结构件，机舱内的零部件都通过接地线与之相连，接地线应尽可能地短直。

943. 避雷针的作用是什么？

答：避雷针用作保护风速计和风标免受雷击，在遭受雷击的情况下，将雷电流通过接地电缆传到机舱上层平台，避免雷电流沿传动系统的传导。

944. 风电机组的内部雷电保护设备有哪几种？

答：（1）接地保护设备。

（2）隔离保护设备。

（3）过电压保护设备。

945. 什么是接地保护设备？

答：为了预防雷电效应，对处在机舱内的金属设备（如金属构架、金属装置、电气装置、通信装置和外来的导体）应进行等电位连接，将汇集到机舱底座的雷电流传输到塔架，由塔架本体将雷电流传输到底部，并通过接入点传输到接地网。主要接地保护设备有：

（1）风速计、风标和环境温度传感器在机舱内一起等电位接地。

（2）机舱的所有组件（如避雷针、主轴承、发电机、齿轮箱、液压站等）以合适尺寸的接地带连接到机舱主框作为等电位。

（3）控制柜、变压器、电感器在塔底接地汇流排上进行等电位连接。

946. 何为风电设备隔离？

答：（1）在机舱上的处理器和地面控制器通信，采用光纤电缆连接。

（2）对处理器和传感器分开供电的直流电源。

947. 何为过电压保护设备？

答：在发电机、开关盘、控制器模块电子组件、信号电缆终端等，采用避雷器或压敏块电阻的过电压保护装置。

第五章

两　票　三　制

第一节　通　用　部　分

948. 两票管理的3个100%指什么？

答：（1）标准操作票和标准工作票的覆盖率要努力达到100%；

（2）现场作业必须做到100%开票，任何作业人员都无权无票作业；

（3）票面安全措施、危险点分析与控制措施及两票执行环节必须100%落实。

949. 标准票有哪些属性？

答：（1）编制、审批、入库、执行程序完备。

（2）除时间、姓名、编号、工作班组外，票面内容不可编辑、不变、唯一。

（3）具有防止票面内容编辑和修改的技术措施和管理措施。

950. 什么是设备的双重名称？

答：设备的双重名称指具有中文名称和阿拉伯数字编号的设备，如断路器、隔离开关、熔断器等，不具有阿拉伯数字编号的设备，如线路、主变压器等，可用实际的标准名称。票面需要填写数字的，应使用阿拉伯数字（母线可以使用罗马数字）。

951. 一般电气设备4种状态是什么？

答：（1）运行状态：电气设备的隔离开关及断路器都在合闸状态且带电运行。

（2）热备用状态：电气设备具备送电条件和启动条件，一经断路器合闸就转变为运行状态。

（3）冷备用状态：电气设备除断路器在断开位置，隔离开关也在断开位置。

（4）检修状态：断路器、隔离开关均断开，相应的接地开关在合闸位置。

952. 手车开关手车有哪几个位置？

答：手车开关有工作位置、试验位置和检修位置3个位置。

953. 解释手车3个位置的含义。

答：（1）工作位置：手车断路器本体在开关柜内，且开关本体限定在“工作”位置，一次插件（动、静插头）已插好。

（2）试验位置：手车断路器本体在开关柜内，且开关本体限定在“试验”位置，一次插件（动、静插头）在断开位置。

（3）检修位置：手车断路器本体在开关柜外。

954. 常用的电气操作术语规范有哪些？

答：常用的电气操作术语规范见表5-1。

表5-1　常用的电气操作术语规范

操作术语	应用设备	规范描述
合上/断开	断路器、隔离开关、按钮	合上×××断路器（隔离开关） 断开×××断路器（隔离开关） 合上×××按钮 断开×××按钮
检查	断路器	检查×××断路器在“合闸”位 检查×××断路器在“分闸”位
	隔离开关	检查×××隔离开关合闸到位 检查×××隔离开关分闸到位
	指示灯、表计、把手、保护压板、熔断器等	检查×××断路器“红灯”亮 检查×××断路器“绿灯”亮 检查×××表计指示正常 检查×××把手在“×××”位 检查×××保护压板已投入（已退出） 检查×××熔断器已装好（已取下）

续表

操作术语	应用设备	规范描述
拉出/推入	拉出式手车开关 抽出式手车开关	拉出×××手车开关至“×××”位 推入×××手车开关至“×××”位
摇出/摇入	摇出式手车开关	摇出×××手车开关至“×××”位 摇入×××手车开关至“×××”位
拔下/插上	断路器二次插头	拔下×××断路器二次插头 插上×××断路器二次插头
装上/取下	熔断器	装上×××熔断器 取下×××熔断器
装设/拆除	接地线	在×××处装设接地线（×××号） 拆除×××处接地线（×××号）
	绝缘板	在×××隔离开关口处装设绝缘板 拆除×××隔离开关口处绝缘板
放上/取下	绝缘垫	在×××隔离开关口处放上绝缘垫 取下×××隔离开关口处绝缘垫
切	切换把手	切×××把手至“×××”位
投入/退出	保护压板	投入×××保护压板 退出×××保护压板
测量	测量设备的电气量	测量×××对地绝缘电阻为××MΩ 测量×××相间电压为××V 测量×××电流为××A
验电	对电气设备验电	验明×××处无电压
挂上/摘下	安全标示牌	在×××处挂上“×××”标示牌 摘下×××处“×××”标示牌

955. 危险点控制措施的重点是什么？

答：危险点控制措施的重点是预防人身伤亡事故、误操作事故、设备损坏事故、机组强迫停运、火灾事故。

应重点防范高处坠落、触电、物体打击、机械伤害、起重伤害等发生频率较高的人身伤害事故。

956. 危险点分析及控制措施的重点有哪些？

答：（1）工作场地：高空、立体交叉作业、狭小空间内、邻近带电设备等可能给作业人员带来的危险因素。

（2）工作环境：高温、低温、大风、雷电、雨雪、易燃、易爆、有毒、缺氧、照明等可能给作业人员带来的危险因素。

（3）工具、设备：电动工具、起重设备、安全工器具等可能给工作人员带来的危险或设备异常。

（4）操作程序及工艺流程的颠倒、操作方法的失误可能给作业人员带来的危害或设备异常。

（5）作业人员的身体状况不适、思想情绪波动，不安全行为，技术水平及能力不能满足作业要求等可能带来的危险因素等。

工作负责人在组织作业时，要特别重视工作人员的身体健康情况、思想情绪的异常波动，并作为首要的危险因素加以控制。

957. 风力发电两票编号的原则是什么？

答：风力发电两票票号按风电场和票种类编号，共12位，即“风电场编号＋票种类＋年＋月＋月度序号”。

风电场编号按照公司风电场统一编号执行。

票种类用该种工作票的大写字母简称表示，如电气倒闸操作票简称DQ，电气第一种工作票简称D1，电力线路第一种工作票简称X1，一级动火工作票简称H1；动土工作票简称DT，继电保护措施票简称JD，风电机组工作票简称FJ。

年份用后两位表示，如2013年用13表示。

月份用两位数表示，如5月用05表示。

月度序号，每月从001开始，以此类推。

第二节 工 作 票

958. 什么是工作票？

答：工作票是准许在电气设备上工作的书面命令，也是执行保证安全技术措施的书面依据。

959. 风力发电工作票如何分类？

答：风力发电工作票包括常规工作票和风电机组工作票。

常规工作票包括电气第一种工作票、电气第二种工作票、电力线路第一种工作票、电力线路第二种工作票 4 种主票，一级动火工作票、二级动火工作票、动土工作票、继电保护安全措施票 4 种附票。

960. 工作许可人完成安全措施后还应完成哪些工作？

答：(1) 会同工作负责人到现场再次检查所做的安全措施。

(2) 对工作负责人指明带电设备的位置和注意事项。

(3) 会同工作负责人在工作票上分别确认、签名。

961. 工作中，对工作负责人、专责监护人有哪些要求？

答：(1) 工作负责人、专责监护人应始终在工作现场，对工作班成员进行监护。

(2) 全部停电时，工作负责人可参加工作班工作。

(3) 部分停电时，工作负责人只有在安全措施可靠，人员集中在一个工作地点，不致误碰有电部分的情况下，方可参加工作。

962. 检修工作结束前，如何试运？

答：(1) 全部工作人员撤离工作地点。

(2) 收回该系统的所有工作票，拆除临时遮栏、接地线和标示牌，恢复常设遮栏。

(3) 应在工作负责人和运行人员进行全面检查无误后，由运行人员进行加压试验。

963. 如何防止向停电检修设备反送电？

答：(1) 把各方面的电源完全断开。

(2) 任何运用中的星形接线设备的中性点应视为带电设备。

(3) 禁止在只经断路器断开电源的设备上工作，应拉开隔离开关。手车开关应拉至试验或检修位置，应使各方面有一个明显的断开点。

（4）对与停电设备有关的变压器和电压互感器，应将设备各侧断开，防止向停电检修设备反送电。

（5）在所有可能来电侧装设接地线。

964. 如何保证检修设备不会误送电？

答：对检修设备和可能来电侧的断路器、隔离开关，应断开控制电源和合闸电源，隔离开关操作把手必须锁住，以确保不会误送电。

965. 装设接地线的原则是什么？

答：（1）检修母线时，应根据母线长短和有无感应电压等实际情况确定地线数量。检修 10m 及以下的母线时，可以装设一组接地线。

（2）在门型架构或杆塔上检修时，应在线路内侧（电源侧）装设地线。当工作地点与地线距离小于 10m 时，也可将地线装设在线路外侧。

（3）检修部分若分为几个在电气上不相连接的部分，则各段应分别验电装设地线。

（4）接地线与检修部分之间不得有断路器或熔断器。

（5）全场停电时，应将各个可能来电侧的部分接地，其余部分不必每段都装设地线。

966. 工作现场装设悬挂标示牌有何规定？

答：（1）在断开的断路器和隔离开关的操作把手上悬挂“禁止合闸，有人工作”或“禁止合闸，线路有人工作”标示牌。

（2）在计算机显示屏上操作的隔离开关处应设置“禁止合闸，有人工作”或“禁止合闸，线路有人工作”标示牌。

（3）遮栏出入口设置“从此进出”标示牌。

（4）工作地点设置“在此工作”标示牌。

（5）在室外构件上工作，应在工作地点临近带电部分的横梁上悬挂“止步，高压危险”标示牌。

（6）在工作人员上下的铁架或梯子上悬挂“从此上下”标示牌。

（7）在临近其他可能误登的带电构件上悬挂“禁止攀登，高压危险”标示牌。

（8）工作人员不得擅自移动或拆除遮栏、标示牌。

967. 室外高压设备检修的隔离措施有哪些？

答：（1）当工作地点上方有高压配电装置运行时，应设置安全限高标志。

（2）在室外高压设备上进行检修工作时，在工作地点四周装设全封闭遮栏（围栏），其出入口要围至临近道路旁边，并设置“从此进出”标示牌。遮栏上悬挂适当数量的“止步，高压危险!”标示牌，标示牌应朝向遮栏里面。

（3）若室外设备装置的大部分设备停电，只有个别地点保留有带电设备，而其他设备不可能触及带电导体时，应在带电设备四周装设全封闭遮栏（围栏），遮栏上悬挂适当数量的“止步，高压危险!”标示牌，标示牌应朝向遮栏外面。

（4）对室外高压设备进行预试时，在工作地点装设遮栏（围栏），遮栏与试验设备高压部分应有足够的安全距离，向外悬挂“止步，高压危险!”标示牌，并派人看守。被试设备不在同一地点时，另一端还应派人看守。

（5）室外扩建、改建施工时，采取非金属板（木板或其他板材）对施工区域进行封闭隔离，其出入口要围至临近道路旁边，并设置“从此进出”标示牌。进入配电装置设备区至施工地点出入口处的道路两旁应设置遮栏（围栏），遮栏上悬挂适当数量的“止步，高压危险!”标示牌，标示牌应朝向遮栏外面。

968. 二次系统上工作的安全隔离措施有哪些？

答：（1）在全部停止运行的继电保护、安全自动装置和仪表、自动化监控系统等屏（柜）上工作时，在检修屏（柜）两旁及对面运行屏（柜）上设置临时遮栏或以明显标志隔开。

（2）在部分停止运行的继电保护、安全自动装置和仪表、自动化监控系统等屏（柜）上工作时，在检修间隔上下与运行设备以明显标志隔开。

（3）在继电保护、安全自动装置和仪表、自动化监控系统等屏（柜）上或附近进行打眼等振动较大的工作时，采取防止运行设备误动作的措施，必要时申请暂停保护。

（4）在继电保护、安全自动装置和仪表、自动化监控系统等屏间的通道上搬运、安放试验设备或其他屏柜时，注意与运行设备保持一定距离，防止误碰运行设备。

第三节　操　作　票

969. 什么是倒闸操作？

答：倒闸操作是将电气设备从一种状态转换为另一种状态的操作，分为运行、热备用、冷备用、检修 4 种状态。

970. 什么是电气倒闸操作票？

答：为了防止电气误操作，按照设备操作顺序，以书面形式形成的状态转换步骤，称为电气倒闸操作票。

971. 完整的电气倒闸操作票由哪几部分组成？

答：完整的电气倒闸操作票由电气倒闸操作前标准检查项目表、电气倒闸操作票和电气倒闸操作后应完成工作表 3 部分组成。

972. 倒闸操作时有哪些注意事项？

答：（1）电气倒闸操作必须两人进行，其中一人对设备较为熟悉者做监护。

（2）一份电气倒闸操作票应由一组人员操作，监护人手中只能持一份操作票。

（3）为了同一操作目的，根据调度命令进行中间有间断的操作，应分别填写操作票。

（4）电气倒闸操作中途不得换人，不得做与操作无关的事情。监护人自始至终认真监护，不得离开操作现场或进行其他工作。

（5）严格按照操作顺序操作，不得跳项、漏项。

973. 电气操作的基本条件是什么？

答：（1）具有与实际运行方式相符的一次系统模拟图或接线图。

（2）电气设备应有明显标志，包括命名、编号、设备相色等。

（3）高压电气设备应具有防止误操作闭锁功能，必要时加挂机械锁。

（4）要有统一、确切的操作术语。

（5）要有合格的操作工具、安全用具和设施，包括对号放置接地线的专用装置。

974. 倒闸操作中的“五防”指什么？

答：（1）防止误拉、误合断路器。

（2）防止带负荷拉、合隔离开关。

（3）防止带电挂接地线或合接地开关。

（4）防止带接地线或接地开关合闸。

（5）防止误入带电间隔。

975. 防止误操作的闭锁装置有哪几种？

答：（1）直接机械式联锁，即断路器与隔离开关、接地开关实行直接的机械联锁。

（2）电气联锁。当未按程序操作时，电气联锁使误操作不能执行或发出信号。

（3）计算机五防锁。通过计算机五防系统进行“五防”校验，用电脑钥匙对现场五防锁进行解锁，达到防误操作的目的。

976. 设备检修时，倒闸操作应遵循的基本顺序有哪些？

答：（1）设备状态应由运行状态转为热备用，再转为冷备用，最后转为检修。

（2）应先停用一次设备，后停用保护、自动装置。

（3）先断开该设备各侧断路器，然后拉开各断路器两侧隔离开关。

（4）断开断路器和隔离开关的顺序应从负荷侧逐步向电源侧进行。

977. 发生哪些紧急情况可以不使用操作票？

答：（1）现场发生人员触电，需要立即停电解救。

（2）现场发生火灾，需要立即进行隔离或扑救。

（3）设备、系统运行异常状态明显，保护拒动或没有保护装置，不立即进行处理则可能造成损坏的。

紧急情况下，操作完毕后，应立即向值班长汇报，并做好记录。

978. 单电源线路停电倒闸操作的步骤是怎样的？

答：步骤：拉开断路器→检查断路器确在断开位置→断开断路器合闸电源→拉开负荷侧隔离开关→拉开电源侧隔离开关→断开断路器操作电源。

979. 线路停、送电有何规定？

答：线路的停、送电均应按照值班调度员或线路工作许可人的指令执行。严禁约时停、送电。

停电时，应先将该线路可能来电的所有断路器、线路隔离开关、母线隔离开关全部断开，验明确无电压后，在线路上所有可能来电的各端装设接地线或合上接地开关。

在线路断路器和隔离开关操作把手上均应悬挂“禁止合闸，线路有人工作!”的标示牌。

980. 操作隔离开关时拉不开怎么办?

答:（1）用绝缘棒操作或用手动操动机构操作隔离开关发生拉不开的现象时，不应强行拉开，应注意检查绝缘子及机构的动作，防止绝缘子断裂。

（2）用电动操动机构操作隔离开关拉不开时，应立即停止操作，检查电动机及连杆的位置。

（3）用液压机构操作出现拉不开的现象时，应检查液压泵是否有油或油是否凝结，如果油压降低不能操作，应断开油泵电源，改用手动操作。

（4）若隔离开关本身传动机械故障而不能操作，应向当值调度员申请停电处理。

981. 拉隔离开关前应进行哪些操作？为什么？

答: 拉隔离开关前必须进行两项重要操作：

首先，检查断路器确在断开位置，目的是防止拉隔离开关时断路器实际并未断开，而造成带负荷拉隔离开关的误操作。

其次，应考虑到在拉隔离开关的操作过程中断路器会因某种意外原因而误合的可能，因此还需断开该断路器的合闸电源。

982. 为何断开隔离开关时要先断负荷侧，再断电源侧?

答: 在停电拉隔离开关时，可能会出现两种误操作：一是断路器未断开，误拉隔离开关；二是断路器虽已断开，但拉隔离开关时走错间隔，错拉不应停的设备，造成带负荷拉隔离开关。

若断路器未断开，先拉负荷侧隔离开关，弧光短路发生在断路器保护范围以内，出现断路器跳闸，可切除故障以缩小事故范围；若先拉电源侧隔离开关，弧光短路发生在断路器保护范围以外，断路器不会跳闸，将造成母线短路，并使上一级断路器跳闸，扩大了事故范围。

983. 断路器检修时，合闸电源、控制电源分别应在何时断开？

答: 合闸电源应在断路器拉开后即断开，控制电源应在断路器两侧隔离开关已拉开后断开。

断路器拉开后立即断开合闸电源，主要是为了防止在隔离开关操作中，因断路器自动合上而造成带负荷拉隔离开关。

隔离开关断开后方断开控制电源，主要是为了保证在进行倒闸操作的过程中，一旦发生带负荷拉闸等误操作，断路器能够跳闸。若在拉开隔离开关之前断开控制电源，则会因故障时断路器不能跳闸而扩大事故范围。

断路器送电操作时，控制电源应在拆除安全措施之前给上。给上控制电源后，可以检查保护装置和控制回路是否完好，如果发现有缺陷，可在未拆除安全措施前，及时进行处理。同时，在随后的操作中，当发生带接地开关合闸等误操作时，也能使断路器正常动作跳闸。

984. 就地操作断路器的基本要求是什么？

答：（1）操作要迅速、果断。

（2）就地操作断路器的方式适用于断路器无负荷时，如有条件，应该做好防止断路器出现故障而威胁人身安全的有关措施。

（3）禁止手动慢分、慢合的就地操作。

985. 倒闸操作过程中，发生疑问时如何处理？

答：在操作过程中，无论监护人或操作人对操作发生疑问或发现异常情况时，应立即停止操作。不准擅自更改操作票，不准随意解除闭锁装置，必须立即向值班负责人或值班调度员报告，待将疑问或异常情况查清并消除后，根据情况按下列办法进行。

（1）如有疑问或异常情况并非操作票上或操作中的问题，也不影响系统或其他工作的安全，经值班负责人许可后，可以继续操作。

（2）当操作票上没有差错，但可能发生其他不安全的问题时，应根据值班负责人或值班调度员的命令执行。

（3）如果操作票本身有错误，原票停止执行，应按现场实际情况重新填写操作票，经审核、模拟等程序后进行操作。

（4）当因操作不当或错误而发生异常情况时，应等候值班负责人或值班调度员的命令。

986. 母线倒闸操作的一般原则是什么？

答：（1）倒母线必须先合上母联断路器，并取下控制熔断器，保证母线隔离开关在分、合时满足等电位操作的要求。

（2）在母线隔离开关的拉、合过程中，如发生较大弧光，应先合靠母联断路器最近的母线隔离开关，拉闸的顺序则与其相反。

（3）倒母线的过程中，母线的差动保护的工作原理如不遭到破坏，一般均应投入运行。

（4）拉母联断路器前，母联断路器的电流表应指示零。应检查母线隔离开关辅助触点、位置指示器切换正常。防止“漏”倒设备或从母线电压互感器二次侧反充电，引起事故。

（5）母联断路器因故不能使用，必须用母线隔离开关拉、合空载母线时，应先将该母线电压互感器二次侧断开。

（6）母线的电压互感器所带的保护，如不能提前切换到运行母线的电压互感器上供电，则事先应将这些保护停用，并断开跳闸连接片。

987. 母线失电压后，为何要立刻断开未跳闸的断路器？

答：这主要是从防止事故扩大，便于事故处理，有利于恢复送电 3 方面综合考虑的。

（1）可以避免值班人员，在处理停电事故或进行系统倒闸操作时，误向故障母线反送电，使母线再次短路。

（2）为母线恢复送电做准备，可以避免母线恢复带电后设备同时自启动，拖垮电源。另外，一路一路地试送电，比较容易判断哪条线路发生了越级跳闸。

（3）可以迅速发现拒跳的断路器，为及时找到故障点提供重要线索。

988. 投入母线差动保护的正确操作顺序是怎样的？

答：（1）检查母线差动交流继电器屏模拟图的指示是否符合现场实际运行方式。

（2）投入母线差动保护直流熔断器及信号电源开关。

（3）用万用表测量跳闸连接片间无电压后，投入各电压功能连接片、母联及各出线连接片。

989. 保护压板投入时有哪些注意事项？

答：压板投入前，检查投入压板正确，测量压板两端无压差正常后，投入压板，并检查压板接触良好。

990. 无法看到设备实际位置时，怎样确定设备位置？

答：电气设备操作后的位置检查应以设备实际位置为准，无法看到实际位置时，可通过设备机械位置指示、电气指示、仪表及各种遥测、遥信信号的变化，且应有两个及以上指示已同时发生对应变化，才能确认该设备已操作到位。

991. 单相隔离开关和跌落式熔断器的操作顺序是怎样的？

答：水平排列时：停电拉闸应先拉中相，后拉两边相；送电合闸操作的顺序与此相反。

垂直排列时：停电拉闸应从上到下依次拉开各相；送电合闸操作的顺序与此相反。

992. 为何开关手车拉至“检修”位后应确认挡板已封闭？

答：当高压开关柜的手车拉出时，如其活动隔离挡板卡住或脱落，会造成带电静触头直接暴露在工作人员面前。通常情况下，35kV 开关柜的静触头与挡板间的距离为 300mm 左右，极易造成人员触电。因此，手车开关拉至“检修”位置后，应观察其隔离挡板是否可靠封闭。

第四节　三　　制

993. 交班人员交班前完成哪些工作？

答：（1）生产、生活场所卫生清理，物品定置摆放。

（2）站内设备巡检。

（3）检查、整理各种运行记录及台账。

（4）检查、整理本班两票的执行、保管情况。

（5）检查、整理工器具及钥匙。

（6）总结、整理本班遗留工作。

994. 接班人员接班前应完成哪些工作？

答：（1）查阅运行记录及台账，了解上班检修、消除缺陷及异常、事故的处理和定期工作开展情况。

（2）核对运行方式，检查负荷、潮流情况。

（3）巡检站内设备，检查现场作业及安全措施。

（4）检查工器具、钥匙、公用设施、卫生文明。

（5）查阅上级指示、命令、指导意见。

995. 常规巡检有哪几种？巡视内容有哪些？

答：常规巡检分为值间交接班巡检和值内交接班巡检两种。巡视内容如下：

（1）站内一、二次设备。

（2）生活水泵房、消防水泵房、锅炉房等附属设施。

996. 定期巡检分为哪几种？

答：定期巡检分为监督性巡检、站内设备夜巡、保护压板巡检、防汛器材巡检、场内线路巡检、输出线路巡检、风电机组巡检和场内线路夜巡。

997. 对监督性巡检的巡检人和巡检内容有何规定？

答：巡检人是风电场管理人员。

巡检内容包括设备运行状态，设备巡检、试验、轮换，两票、“三讲一落实”，缺陷情况。

998. 特殊巡检分为哪几种？

答：特殊巡检分为特殊天气巡检、重大操作后巡检、缺陷巡检和新投（大修）设备巡检4种。

999. 夜巡的重点检查项目有哪些？

答：（1）一、二次设备盘、柜指示灯。

（2）一次设备发热、电晕、放电情况。

1000. 雷雨天气的重点检查项目有哪些？

答：（1）雷雨前，检查室外开关机构箱、端子箱，重点检查箱门关闭情况。

（2）雷雨过后，检查站内、线路，重点检查放电烧伤、避雷器动作、电缆沟积水、基础下沉、构架倾斜、开关室漏雨情况。

1001. 大风天气的重点检查项目有哪些？

答：检查线路，重点检查导线摆动，相间及对地放电，挂接物，设备引线断股，避雷器、架构倾斜。

1002. 雪天的重点检查项目有哪些？

答：雪天检查站内及线路，重点检查接点积雪熔化、设备覆冰、放电痕迹。

1003. 大雾天气的重点检查项目有哪些？

答：大雾天检查站内，重点检查放电情况。

1004. 温度变化时的重点检查项目有哪些？

答：气温较高或较低时，重点检查设备温度、油位、压力、冷却装置投入和停止运行、温控装置是否启动。

1005. 火灾报警装置有哪些定期试验项目?

答: 自检试验和烟雾报警试验。

1006. 消防水泵有哪些定期试验项目?

答: 消防水泵的定期试验项目消防水泵电动机绝缘测试和水泵启动试验。

1007. 风电场一般有哪些定期自投试验项目?

答: 风力发电场的定期自投试验项目一般有事故照明直流电源自投试验、直流系统交流电源自投试验、主变压器冷却风扇交流电源自投试验。

第六章

常　用　器　具

第一节　绝缘工器具

1008. 绝缘手套如何使用？

答：（1）使用绝缘手套前，必须检查绝缘手套是否在有效周期内。

（2）使用绝缘手套前，必须进行外观检查，并用吹气摇动挤压法进行气压测试，确定其完好无损。

（3）使用绝缘手套时，必须双手戴好，严禁将绝缘手套包裹在工具上使用。

1009. 高压验电时有何注意事项？

答：（1）高压验电时，应使用电压等级合适而且合格的验电器，必须戴绝缘手套。

（2）高压验电前，应在有电设备上进行试验，确定验电器完好。

（3）高压验电时，应在检修设备的各侧各相分别选取多点进行验电。

（4）高压验电时，应确认验电位置正确后，方能进行验电。

（5）高压验电时，验电器应慢慢地接触被测电气设备，让验电器的接触极充分接触被测部位，严禁用监测器外壳和绝缘杆与被测电气设备接触进行验电。

1010. 如何装、拆接地线？

答：（1）装、拆接地线必须使用绝缘手套。

（2）装接地线时，必须验明设备确无电压后才能进行。

(3) 接地线在每次装设以前必须经过仔细检查，软铜导线应有完好的保护软管，与线夹连接坚固。损坏的接地线应及时修理或更换。严禁使用不符合规定的导线作接地或短路之用。

(4) 接地线必须使用专用的线夹固定在接地良好的导体上，严禁用缠绕的方法进行接地或短路。

(5) 装、拆接地线时，必须确认装、拆位置的正确后才能进行。

(6) 装设接地线必须先接接地端，后接导体端，且必须接触良好。拆接地线的顺序与此相反。

1011. 什么情况下应穿绝缘靴?

答:(1) 雷雨天气，需要巡视室外高压设备时，应穿绝缘靴。

(2) 雨天进行室外倒闸操作时，应穿绝缘靴。

(3) 接地电阻不符合要求的，晴天也应穿绝缘靴。

(4) 高压设备发生接地，需进入室内故障点4m以内，室外故障点8m以内时，必须穿绝缘靴。

1012. 对绝缘工器具的检验周期有何规定?

答:(1) 绝缘手套、绝缘靴：半年。

(2) 绝缘杆、接地线：一年。

第二节 常用测量仪表

1013. 如何选择绝缘电阻表的电压等级?

答:(1) 测量二次回路的绝缘电阻值最好是使用1000V的绝缘电阻表，如果没有1000V的，也可用500V的。

(2) 500V及以下的线路或电气设备应使用500V的绝缘电阻表。

(3) 500V～3000V的线路或电气设备应使用1000V绝缘电阻表。

(4) 3000V以上的线路或电气设备应使用2500V的绝缘电阻

表，35 000V 以上的线路或电气设备最好使用 5000V 的绝缘电阻表。

1014. 测量设备绝缘电阻时有何注意事项?

答：(1) 测量设备的绝缘电阻应两人进行，选用电压等级合适的绝缘电阻表。

(2) 测量设备的绝缘电阻时，必须先切断设备的电源。对含有电感、电容的设备（如电容器、变压器、电机及电缆线路），必须先进行放电。

(3) 绝缘电阻表未接线之前，应先摇动绝缘电阻表，观察指针是否在“∞”处。再将 L 和 E 两接线柱短路，慢慢摇动绝缘电阻表，指针应在零处。经开路、短路试验，证实绝缘电阻表完好后方可进行测量。

(4) 绝缘电阻表的引线应用多股软线，且两根引线切忌绞在一起，以免造成测量数据不准确。

(5) 绝缘电阻表测量完毕，应立即使被测物放电，在绝缘电阻表未停止转动和被测物未放电之前，不可用手去触及被测物的测量部位或进行拆线，以防触电。

(6) 被测物表面应擦拭干净，不得有污物（如漆等），以免造成测量数据不准确。

(7) 测量时，应水平放置，摇动绝缘电阻表手柄的速度应由慢到快，转速到 120r/min 后保持稳定；保持稳定转速 1min 后，进行读数，以便躲开吸收电流的影响。

(8) 测量过程中，如被测设备短路，指针回零，应立即停止摇动，以免损坏绝缘电阻表。

(9) 雷电时，严禁测试线路绝缘。

1015. 使用钳形电流表时有何注意事项?

答：(1) 钳形电流表分高、低压两种，风电场运行维护人员只允许使用低压钳形电流表。

(2) 使用表计时，要特别注意保持头部与带电部分的安全距离，人体任何部分与带电体的距离不得小于钳形电流表的整个长度。

（3）测量前，选择合适量程，如不确定，应由大到小进行设置。

（4）测量低压熔断器或水平排列的低压母线的电流时，应在测量前将各相熔断器或母线用绝缘材料加以保护隔离，以免引起相间短路。

（5）当电缆有一相接地时，严禁测量。防止出现因电缆头的绝缘水平低发生对地击穿爆炸而危及人身安全。

（6）钳形电流表测量结束后，把开关拨至最大程挡，以免下次使用时不慎过电流，并将电流表保存在干燥的室内。

1016. 使用万用表时有何注意事项？

答：（1）在测电流、电压时，不能带电换量程。

（2）选择量程时，要先选大的，后选小的，尽量使被测值接近于量程。

（3）测电阻时，不能带电测量。因为测量电阻时，万用表由内部电池供电，若带电测量，则相当于接入一个额外的电源，可能损坏表头。

（4）用毕，应将转换开关置于交流电压最大挡位或空挡上。

1017. 如何用相序表测相序？

答：（1）将相序表 3 根表笔线 A(红，R)、B(蓝，S)、C(黑，T）分别对应接到被测源的 A(R)、B(S)、C(T）3 根线上。

（2）按下仪表左上角的测量按钮，灯亮，即开始测量。松开测量按钮时，停止测量。

（3）面板上的 A、B、C 3 个红色发光二极管分别指示对应的三相来电。当被测源缺相时，对应的发光管不亮。

（4）当被测源三相相序正确时，与正相序所对应的绿灯亮；当被测源三相相序错误时，与逆相序所对应的红灯亮，蜂鸣器发出报警声。

1018. 使用低压验电笔时，有何注意事项?

答:（1）使用验电笔之前，首先要检查验电笔里有无安全电阻，再直观检查验电笔是否有损坏，有无受潮或进水，检查合格后才能使用。

（2）在测量电气设备是否带电之前，先要找一个已知电源测一测验电笔的氖泡能否正常发光，能正常发光，才能使用。

（3）使用验电笔时，不能用手触及验电笔前端的金属探头，否则会造成人身触电事故。

（4）使用验电笔时，一定要用手触及验电笔尾端的金属部分，否则，因带电体、验电笔、人体与大地没有形成回路，验电笔中的氖泡不会发光，造成误判，认为带电体不带电，这是十分危险的。

（5）在明亮的光线下测试带电体时，应特别注意氖泡是否真的发光（或不发光），必要时，可用另一只手遮挡光线仔细判别。

1019. 氖泡式低压验电笔如何判别交流、直流电?

答: 交流电通过验电笔时，氖泡中两极会同时发亮；直流电通过验电笔时，氖泡里只有一个极发光。

1020. 氖泡式低压验电笔如何判别同相和异相?

答: 两手各持一支验电笔，站在绝缘体上，将两支笔同时触及待测的两条导线，如果两支验电笔的氖泡均不太亮，则表明两条导线是同相；若发出很亮的光，说明两条导线是异相。

第三节 风电机组专用器具

1021. 激光对中仪的工作原理是怎样的?

答: 激光具有方向性和单色性。方向性指激光从激光发生器发出后，光束散角较小，基本沿直线传播；单色性指发出的光波波长单一，易被接收器辨别，不受外界光干扰。

激光对中仪正是利用激光的两大特点，通常采用波长为635～670nm的半导体红色激光，利用两个激光发射器/接收器固定在联轴器的两边，采用时钟法或任意三点法，自动计算出平衡偏差和角度偏差，同时给出前脚和后脚的调整值和垫平值，并在调整过程中实施变化。

1022. 激光对中仪的使用方法是怎样的?

答：当对中情况很差时，首先进行设备粗略对中，使激光束打到靶上，调整移动设备使激光束打到靶心，采用时钟法或任意三点法进行对中。

时钟法：输入距离参数，转动轴先后至9点钟、12点钟、3点钟位置，记录测量值，观察水平方向实时调整变化时，测量单元必须转到3点钟位置；观察垂直方向实时调整变化时，测量单元必须转到12点钟位置。

任意三点法：输入距离参数，将测量单元放置在轴的任意位置上，记录第一个测量值，将轴转动至少20°，记录第二个测量值，再将轴转动至少20°，记录第三个测量值。测量单元转到12点钟或6点钟位置，观察垂直方向实时调整变化；测量单元转到3点钟或9点钟位置，观察水平方向实时调整变化。

风电机组对中一般选用任意三点法。

1023. 简述用千分表与激光对中仪对中的优劣。

答：(1) 激光对中基准为“绝对直线”，消除了千分表对中时千分表支架及探头扰曲变相时测量精度的影响。

(2) 为保证测量数据的连续性，千分表对中时必须持续进行读数，激光对中只需测量3个数据，减轻了对中的工作强度。

(3) 千分表对中很大程度上依赖机修人员的操作经验和分析能力，激光对中的操作简便，自动化程度高。

(4) 千分表对中时，设备每调整一次，必须盘车重测一次，需多次反复测量才能完成设备调整；激光对中只需测量一次，设备调整时可实时显示数据。

（5）激光对中的检测精度一般可达到0.001mm，与千分表对中相比，精度和可靠性均大幅度提高。

（6）激光对中仪器较千分表价格昂贵。

1024. 液压站的工作原理是什么？

答：液压站又称液压泵站，电动机带动油泵旋转，泵从油箱中吸油后打油，将机械能转化为液压油的压力能，液压油通过集成块（或阀组合）被液压阀实现了方向、压力、流量的调节后，经外接管路传输到液压机械的油缸或油马达中，从而控制了液动机方向的变换、力量的大小及速度的快慢，推动各种液压机械做功。

1025. 液压站有何使用要求？

答：（1）在工作过程中，当发现管路漏油及其他异常现象时，应立即停机维修。

（2）为延长液压油的使用寿命，油温应小于65℃；每3个月检查一下液压油的质量，视液压油质量半年至一年更换一次。

（3）要及时观察油箱油位计的液位，应及时补充符合要求的液压油，以免油泵吸空。

（4）使用时，检查液压泵电动机的转向，旋转方向错误时，调换相序。

（5）要定期清洗或更换油过滤器。

（6）连接油管应处于自由状态，不得打结或盘成圆圈。

（7）卸下快速接头后，其接头外露部分必须用塑料盖罩住。

（8）要保持液压站工作环境的干净、整洁。

1026. 液压站如何使用？

答：（1）根据预紧螺杆的尺寸选配套筒。

（2）根据螺母的拧紧或松开的旋转方向，组合棘轮（拧紧螺母时用右向棘轮，松开螺母时用左向棘轮）。

（3）把快速接头的高压、低压液压管插入板头和换向阀的连接处，插入到位后，将快速接头的外套转动一个角度，以便锁紧。

（4）反力杆应依靠在相应的支撑套或其他能承受反力的地方。

（5）扳头连杆转角的大小应控制在反力杆标定的角度范围内。

（6）打压时，应将放气阀向左旋转一周，打开放气阀，待空气放尽后将其关闭。

（7）手动泵打压时，按液压缸活塞杆的伸和缩转动换向阀手柄。当手柄在左侧位置时，活塞杆则伸，反之为缩；当手柄在中间位置时，压力为零。

（8）计算出所需扭矩值（N·m）时的压力值（MPa）。

（9）预紧结束后，把换向阀手柄放在中间位置，使其压力归零。

（10）卸下快速接头的高、低压油管时，应先将快速接头的外圈旋转一个角度，使其缺口对准限位销，向前推，拔出接头。

1027. 什么是力矩扳手？

答：力矩扳手又名扭矩扳手、扭力扳手、扭矩可调扳手，是扳手的一种。力矩扳手是一个精密测试仪器。

1028. 力矩扳手如何分类？

答：力矩扳手一般分为3类：手动力矩扳手、电动力矩扳手和气动扭力扳手。手动力矩扳手采用杠杆原理，当力矩达到设定力矩值时，就会出现“嘭”机械相撞的声音，此时扳手处于一个死角，如再用力，就会出现过力现象；电动力矩扳手由控制器和拧紧轴组成，当达到预定扭力时，电动机停止工作；气动扭力扳手是由空气压缩机中的压缩空气作为气源，带动扳手中的气动马达驱动齿轮对螺栓进行拧紧，当达到设定扭力值时，控制器控制电磁阀断气，扳手停转。

1029. 什么是示波器？其工作原理是怎样的？

答：示波器是一种用途十分广泛的电子测量仪器。示波器利用狭窄的、由高速电子组成的电子束，打在涂有荧光物质的屏面上，就可产生细小的光点。在被测信号的作用下，电子束就好像一支笔的笔尖，可以在屏面上描绘出被测信号的瞬时值的变化曲线。示波器由示波管和电源系统、同步系统、X 轴偏转系统、Y 轴偏转系统、延迟扫描系统、标准信号源组成。

1030. 示波器的作用是什么？

答：利用示波器能观察各种不同信号的幅度随时间变化的波形曲线，还可以用它测试各种不同的电量，如电压、电流、频率、相位差、调幅度等。

1031. 什么是直阻测试仪？

答：直阻测试仪又称感性负载直流电阻测试仪，以高速微控制器为核心，内置充电电池及充电电路，将所获得的数据（包括测试电压、当前的测试电流等）进行处理，得到实际电阻值。

1032. 什么是千斤顶？

答：千斤顶是一种用钢性顶举件作为工作装置，通过顶部托座或底部托爪在行程内顶升提重物的轻小起重设备。

1033. 千斤顶如何分类？各有何特点？

答：千斤顶按结构特征可分为机械千斤顶和液压千斤顶两种。机械千斤顶又有齿条式与螺旋式两种，由于起重量小，操作费力，一般只用于机械维修工作。液压式千斤顶结构紧凑，工作平稳，有自锁作用，故使用广泛。后者的缺点是起重高度有限，起升速度慢。

1034. 机舱吊具由哪些主要部件组成？

答：30t 机舱吊装用吊带 4 根，长度为 10m；25t 卸扣 4 只，与机舱吊耳板连接，吊装机舱。

2～3t 风绳 2 根，长 150m，用于引导机舱的方向。

1035. 叶轮吊具由哪些主要部件组成？

答： 35t吊带2根，长15m；35t卸扣2个；10t吊带1根，长10m；2～3t风绳2根，长150m；叶片护套1个。

风绳系在上部2片叶片尖部；主吊机挂好2根15m长35t的吊带及35t卸扣与吊耳板连接，吊装风轮。

叶轮接近地面时，帆布护套固定下部叶片吊点，辅吊车挂好吊带，辅助主吊车将叶轮放平。

第四节 消 防 器 材

1036. 手提式干粉灭火器如何使用？

答： 提取灭火器上下颠倒两次，拔掉保险销，一手握住喷嘴对准火焰根部，一手按下压把即可。

1037. 推车式干粉灭火器如何使用？

答： 两个人操作，一个人取下喷枪，并展开软管，然后用手扣住扳机；另一个人拔出开启机构的保险销，并迅速开启灭火器的开启机构。

1038. 手提式1211灭火器如何使用？

答：（1）先拔掉保险销，然后一手开启压把，另一手握喇叭喷桶的手柄，紧握开启压把即可喷出。

（2）目前，国家逐步限制手提式1211灭火器的使用，主要是因为卤代烷对大气造成污染，对人体有害。

1039. 泡沫灭火器如何使用？

答：（1）灭火时，将泡沫灭火器倒置，泡沫即可喷出，覆盖着火物而达到灭火目的。

（2）适用于扑灭桶装油品、管线、地面的火灾，不适用于扑灭电气设备和精密金属制品的火灾。

1040. 四氯化碳灭火器如何使用?

答:(1)灭火时,将机身倒置,喷嘴向下,旋开手阀,即可喷向火焰使其熄灭。

(2)适用于扑灭电气设备和贵重仪器、设备的火灾。

(3)四氯化碳毒性大,使用者要站在上风口。在室内,灭火后要及时通风。

1041. 如何使用二氧化碳灭火器?

答:(1)灭火时,只需扳动开关,二氧化碳即以气流状态喷射到着火物上,隔绝空气,使火焰熄灭。

(2)适用于精密仪器、电气设备及油品化验室等场所的小面积火灾。

(3)二氧化碳由液态变为气态时,大量吸热,温度极低(可达到−80℃),要避免冻伤。

1042. 使用灭火器材时有何注意事项?

答:(1)灭火时,应依次扑灭;室外使用时,应站在火源的上风口,由近及远,左右横扫,向前推进,不让火焰回窜。

(2)灭火人员应佩戴正压呼吸器,防止有毒气体的伤害。

(3)使用二氧化碳灭火器时,必须注意手不要握喷管或喷嘴,防止冻伤。

(4)禁止使用泡沫灭火器进行电气设备灭火。

1043. 风力灭火机由哪几部分组成?

答:风力灭火机主要由燃油发动机、鼓风机、吹风筒、背带等部分组成。

1044. 风力灭火机的使用方法是怎样的?

答:风力灭火机的使用技术可概括为“割、压、挑、扫、散”。在实际操作过程中,通常是几台风力灭火机配合使用,其中两台风力灭火机组合的叫作双机灭火，三台灭火机组合的叫作三机灭火，以此类推，至五机灭火，操作要领各不相同。

双机灭火：第一台用强风压迫火焰中部，使火焰降低倒向火场内侧；第二台灭火机紧随，用强风割火焰底部，并将燃烧物吹到火场内侧。

三机灭火：第一台用强风直压火的上、中部，使火焰倒向火场内侧；第二台用强风横扫燃烧物质的上部（即火焰底部），灭掉部分明火；第三台用强风割火焰底部和直吹燃烧物，达到彻底灭火。

1045. 风力灭火机适用于哪些场所?

答: 风力灭火机适用于扑打幼林或次生林火灾，草原火灾，荒山草坡火灾。使用风力灭火机，单机扑火的作用不大，双机或三机配合可取得较好的效果。

1046. 哪些情况不宜使用风力灭火机?

答:（1）火焰高度超过 2.5m 的火。

（2）灌丛高度在 1.5m 以上，草科植物高度超过 1m 地区的火。这是因为草灌高超过 1m 时，由于视线不清，一旦着火，极其易燃，蔓延迅速，扑火人员撤离不及，容易发生人员伤害事故。

（3）火焰高度超过 1.5m 的迎面火。

（4）林中有大量的倒木、杂乱物。

（5）暗火（风力灭火机只能灭明火）。

1047. 使用风力灭火机时的注意事项有哪些?

答:（1）风力灭火机使用的燃油为机油和汽油混合而成的混合油，严禁使用纯汽油。

（2）灭火时避开火峰，连续工作时间不能超过 2h。

（3）加油和启动时，必须离火场 10m 以上。10m 以内，火的辐射作用较大，容易被火的高温引燃着火，殃及自身，造成死亡事故。

(4) 发现灭火机有漏油或异常噪声时，要立即停机检修，对风力灭火机要经常保养。

1048. 正压呼吸器使用时的注意事项有哪些?

答: (1) 佩戴呼吸器出发时，至少应两人一组，当二氧化碳被吸收时，会产生热量，这完全正常，并且充分表明仪器处于良好的工作状态。

(2) 在紧急情况下，若气体过度消耗，呼吸困难或供氧功能失效，按手动补气阀，可向呼吸系统补充氧气，在供氧功能失效的情况下，立即撤离危险区。

(3) 每隔15min观察一次前置压力表，检查氧气量。当气瓶内压力在4～6MPa时，报警器开始报警，这时大约75%的氧气已经用完，如果现在还不撤离，就必须经常观察前置压力表，在压力还有1MPa，就是大约95%的氧气已经用完时，必须撤离。

1049. 如何脱卸正压呼吸器?

答: (1) 压住面罩上的按钮，同时从呼吸接头中拔出面罩接头。

(2) 关闭氧气瓶瓶阀，摘下面罩。

(3) 压下弹性限位块，取出回形扣，使腰带两端脱开；将呼吸管翻过头顶，使其落在身后扣呼吸器的上盖。

(4) 打开两根肩带，用食指向上扳动锁紧夹，让仪器沿着背部慢慢下滑，并将呼吸器直立放置，不可让呼吸器摔下。

第七章

安 全 防 护

第一节 通 用 部 分

1050. 违章指挥指什么?

答: (1) 不遵守安全生产规程、制度和安全技术措施,擅自更改安全工艺和操作程序。

(2) 指挥者未经培训上岗,安排无"做工证"或无专门资质认证的人员进行工作。

(3) 指挥者在安全防护设施、设备有缺陷,以及隐患未排除的条件下,指挥工作人员冒险作业。

(4) 发现违章不制止等行为。

1051. 违章作业指什么?

答: 职工在劳动过程中,违反安全法规、标准规章制度、操作规程,进行冒险作业的行为称为违章作业。

1052. 习惯性违章的危害有哪些?

答: (1) 会人为地制造新的危险点。

(2) 会掩盖危险点的存在。

(3) 会使危险点进一步扩大。

(4) 会使危险点演变成事故。

1053. 安全生产目标四级控制指什么?

答: (1) 公司控制重伤和事故,不发生人身死亡、较大设备和电网事故。

(2) 风电场控制轻伤和障碍,不发生人身重伤和事故。

（3）班组控制未遂和异常，不发生人身轻伤和障碍。

（4）个人控制失误和差错，不发生人身未遂和异常。

1054. 事故调查处理的“四不放过”原则是什么？

答：（1）事故原因不清楚不放过。

（2）事故责任者和应受教育者没有受到教育不放过。

（3）没有采取防范措施不放过。

（4）事故责任者没有受到处罚不放过。

1055. 安全生产“三同时”的具体内容是什么？

答：新、改、扩建项目和技术改造项目中的环境保护设施、职业健康与安全设施，必须与主体工程同时设计、同时施工、同时验收并投入生产和使用。

1056. 安全生产“四不伤害”指什么？

答：安全生产“四不伤害”指不伤害自己、不伤害他人、不被别人伤害、保护别人不被伤害。

1057. 操作“四对照”指什么？

答：对照设备的安装位置、名称、编号、分合状态。

1058. “三讲一落实”的具体内容是什么？

答：“三讲一落实”的具体内容是讲任务、讲风险、讲措施、抓落实。

1059. “两措”指什么？

答：反事故措施和安全技术劳动保护措施，分别简称“反措”和“安措”。

1060. 什么是安全设施？

答：安全设施指生产经营活动中将危险因素、有害因素控制在安全范围内，以及为预防、减少、消除危害所设置的安全标志、设备标识、安全警示线和安全防护设施等的统称。

1061. 什么是安全工器具?

答：安全工器具指用于防止触电、灼伤、坠落、摔跌等事故，保障工作人员人身安全的各种专用工具和器具。

1062. 常用的电气安全工器具有哪些?

答：常用的电气安全工器具有绝缘杆、验电器、绝缘手套、绝缘鞋、验电笔、安全栏、安全标示牌、接地线、近电报警器、个人保险绳及有毒、有害、可燃气体报警器等。

1063. 常用的机械安全工器具有哪些?

答：常用的机械安全工器具有梯子、安全带、防坠器、安全帽、安全绳、脚扣等。

1064. 安全工器具的使用有何规定?

答：(1) 安全工器具在使用中严禁私自拆卸安全保护装置。

(2) 安全工器具不得挪作他用，严禁使用没有合格证的安全工器具。

(3) 未经试验、验收不合格或超过试验周期的安全工器具严禁使用。

1065. 作业人员的救命“三宝”指什么?

答：作业人员的救命“三宝”指安全帽、安全带、安全网。

1066. 简述安全帽的作用及注意事项。

答：安全帽是防止冲击物伤害头部的防护用品，有以下注意事项。

(1) 戴上后，人的头顶和帽体内顶的空间至少要有32mm。

(2) 使用时，不要将安全帽歪戴在脑后，否则会降低对冲击的防护作用。

（3）安全帽带要系紧，防止因松动而降低抗冲能力。

（4）要定期检查，发现帽子过期及有龟裂、下凹、裂痕或严重磨损等，应立即更换。

1067. 什么是安全带？

答：安全带是防止高处作业人员发生坠落或发生坠落后将作业人员安全悬挂的个体防护装备。（GB 6095—2009《安全带》，定义 3.1）

1068. 安全带按作业类别分为哪几种？

答：安全带按作业类别分为围杆作业安全带、区域限制安全带、坠落悬挂安全带。

1069. 安全带的标记由哪几部分组成？

答：安全带的标记由作业类别、产品性能两部分组成。

作业类别：以字母 W 代表围杆作业安全带，以字母 Q 代表区域限制安全带，以字母 Z 代表坠落悬挂安全带。

产品性能：以字母 Y 代表一般性能，以字母 J 代表抗静电性能，以字母 R 代表抗阻燃性能，以字母 F 代表抗腐蚀性能，以字母 T 代表适合特殊环境（各性能可组合）。

举例：围杆作业、一般安全带表示为“W-Y”，区域限制、抗静电、抗腐蚀安全带表示为“Q-JF”。

1070. 什么是围杆作业安全带？

答：围杆作业安全带是通过围绕在固定构造物上的绳或带将人体绑定在固定构造物附近，使作业人员的双手可以进行其他操作的安全带。（GB 6095—2009，定义 3.2）

1071. 什么是区域限制安全带？

答：区域限制安全带是用以限制作业人员的活动范围，避免

其到达可能发生坠落区域的安全带。(GB 6095—2009，定义 3.3)

1072. 什么是坠落悬挂安全带?

答: 坠落悬挂安全带是高处作业或登高人员发生坠落时，能支撑和控制人体，分散冲击力，将作业人员安全悬挂，避免人体受到伤害的安全带。(GB 6095—2009，定义 3.4；NB/T 31052—2014《风力发电场高处作业安全规程》，定义 3.3)

坠落悬挂安全带配有双肩带和双跨带、一个胸部 D 形环、一个背部 D 形环、两个腰部 D 形环，能够由大腿、骨盆、腰部和肩部共同承担坠落冲击力。

1073. 安全带正确使用的 3 项重要参数是什么?

答: 安全带正确使用的 3 项重要参数是伸展长度、坠落距离、安全空间。

1074. 什么是伸展长度?

答: 伸展长度是在坠落过程中，从悬挂点到安全带佩戴者的身体最低点（头或脚）的最大距离。(GB 6095—2009，定义 3.12)

伸展长度是安全带制造商提供的基本参数。安全带制造商应在最大负荷及最大坠落距离的情况下，通过试验取得伸展长度数据，在产品标识中告知使用者，并将其作为售前、售后服务的基本参数。

1075. 什么是坠落距离?

答: 坠落距离是从坠落起始点或作业面到安全带佩戴者的身体最低点（头或脚）的最大距离。(GB 6095—2009，定义 3.13)

坠落距离同安全带挂点与佩戴者的相对位置密切相关。挂点与佩戴者的相对位置根据使用环境的不同，可能是高挂、低挂或同人体齐平。发生坠落时，高挂对人体的威胁最小，低挂对人体的威胁最大。因此，安全带的正确使用方法是高挂低用。

1076. 什么是安全空间?

答: 安全空间是位于作业面下方，不存在任何可能对坠落者造成碰撞伤害物体的立体空间。(GB 6095—2009，定义 3.14)

安全空间体现工作场所的安全因素，一般为佩戴者下方的立体空间，在这个空间不存在任何物体会对坠落者造成碰撞伤害。最基本的安全空间是垂直方向的高度差，最理想的安全空间是以悬挂点为中心点、半径为伸展长度的半球空间。

1077. 什么是安全带的主带?

答: 安全带的主带是系带中承受冲击力的带。(GB 6095—2009，定义 3.10)

1078. 什么是安全带的辅带?

答: 安全带的辅带是系带中不直接承受冲击力的带。(GB 6095—2009，定义 3.11)

1079. 什么是安全带的调节扣?

答: 安全带的调节扣是用于调节主带或辅带长度的零件。(GB 6095—2009，定义 3.16)

1080. 什么是安全带的扎紧扣 (带卡)?

答: 安全带的扎紧扣是用于将主带系紧或脱开的零件。(GB 6095—2009，定义 3.17)

1081. 什么是挂点装置?

答: 挂点装置是连接安全带与固定构造物的装置。该点强度应满足安全带的负荷要求。可以是固定装置或滑动装置。挂点装置不是安全带的组成部分，但同安全带的使用密切相关。(GB 6095－2009，定义 3.20)

1082. 什么是挂点?

答: 挂点是连接安全带与固定构造物的固定点。该点强度应

满足安全带的负荷要求。该装置不是安全带的组成部分，但同安全带的使用密切相关。(GB 6095—2009，定义3.21)

1083. 安全带使用时应注意什么？

答：(1) 安全带应高挂低用，防止摆动和碰撞；安全带上的各种部件不得任意拆掉。

(2) 安全带使用两年以后，使用单位应按购进批量的大小，选择一定比例的数量，做一次抽检，用80kg的沙袋做自由落体试验，若不破断，可继续使用，抽检的样带应更换新的挂绳才能使用；如试验不合格，购进的这批安全带就应报废。

(3) 安全带外观有破损或发现异味时，应立即更换。

(4) 安全带使用3～5年即应报废。

1084. 什么是高处作业？

答：凡在坠落高度基准面2m及以上有可能坠落的高处进行的作业，均称为高处作业。

1085. 高处作业的级别如何划分？

答：一级高处作业：作业高度在2m～5m。

二级高处作业：作业高度在5m以上至15m。

三级高处作业：作业高度在15m以上至30m。

特级高处作业：作业高度在30m以上。

1086. 什么是坠落防护装备？

答：坠落防护装备是防止高处作业人员坠落伤害的防护用品，包括坠落悬挂安全带、安全绳、自锁器等。(NB/T 31052—2014，定义3.2)

1087. 什么是安全绳？

答：安全绳是在安全带中连接系带与挂点的绳（带、钢丝绳）。(GB 6095—2009，定义3.5)

安全绳一般起扩大或限制佩戴者的活动范围、吸收冲击能量的作用。安全绳有单挂钩安全绳和双挂钩安全绳两种结构形式，起扩大或限制佩戴者的活动范围的作用。

1088. 什么是双挂钩安全绳？

答：双挂钩安全绳是一端有两只挂钩的安全绳，可以实现在高处作业移动位置时，至少有一根系绳处于系挂状态。

1089. 什么是缓冲器？

答：缓冲器是与安全绳串联在系带和挂点之间，发生坠落时吸收部分冲击能量、降低冲击力的部件。（GB 6095—2009，定义3.6）

1090. 什么是速差自控器（收放式防坠器）？

答：速差自控器是安装在挂点上，装有可伸缩长度的绳（带、钢丝绳），串联在系带和挂点之间，在坠落发生时因速度变化引发制动作用的部件。（GB 6095—2009，定义3.7）

1091. 什么是自锁器（导向式防坠器）？

答：自锁器是附着在导轨（缆）上，由坠落动作引发制动作用的部件。该部件不一定有缓冲能力。（GB 6095—2009，定义3.8）

1092. 什么是系带？

答：系带是坠落时支撑和控制人体、分散冲击力，避免人体受到伤害的部件。系带由织带、带扣及其他金属部件组成，一般有全身系带、单腰系带、半身系带。（GB 6095—2009，定义3.9）

1093. 什么是护腰带？

答：护腰带是同单腰带一起使用的宽带。该部件起分散压力、提高舒适程度的作用。（GB 6095—2009，定义3.18）

1094. 什么是连接器?

答: 连接器是具有常闭活门的连接部件。该部件用于将系带和绳或绳和挂点连接在一起。(GB 6095—2009,定义 3.19)

1095. 什么是高处作业吊篮?

答: 高处作业吊篮是悬挂装置架设于建筑物或构筑物上,起升机构通过钢丝绳驱动平台沿立面上下运行的一种非常设悬挂接近设备。(GB/T 19155—2017《高处作业吊篮》,定义 3.2.1)

吊篮按其安装方式也可称为非常设悬挂接近设备。

吊篮通常由悬挂平台和工作前在现场组装的悬挂装置组成。在工作完成后,吊篮被拆卸从现场撤离,并可在其他地方重新安装和使用。

1096. 什么是爬升式起升机构?

答: 爬升式起升机构是依靠钢丝绳和驱动绳轮间的摩擦力驱动钢丝绳使平台上下运行的机构,钢丝绳尾端无作用力。(GB/T 19155—2017,定义 3.2.4)

1097. 什么是夹钳式起升机构?

答: 夹钳式起升机构是由两对夹钳组成牵引装置的起升机构。(GB/T 19155—2017,定义 3.2.5)

1098. 什么是卷扬式起升机构?

答: 卷扬式起升机构是在卷筒上缠绕单层或多层钢丝绳,依靠卷筒驱动钢丝绳使平台上下运行的机构。(GB/T 19155—2017,定义 3.2.6)

1099. 什么是悬挂平台?

答: 悬挂平台是通过钢丝绳悬挂于空中,四周装有护栏,用于搭载操作者、工具和材料的工作装置,简称平台或 TSP。(GB/T 19155—2017,定义 3.2.29)

1100. 什么是锁止距离?

答: 锁止距离是自锁器或速差自控器在动态负荷性能测试中，从启动到运动停止，自锁器在导轨上的运动距离或安全绳从速差自控器腔体伸出的距离。(GB 6095—2009，定义 3.15)

1101. 什么是导轨?

答: 导轨是附着自锁器的柔性绳索或刚性滑道，自锁器在导轨上可滑动。发生坠落时自锁器可锁定在导轨上。导轨不是安全带的组成部分，但同安全带的使用密切相关。(GB 6095—2009，定义 3.22)

1102. 什么是模拟人?

答: 模拟人是安全带测试时使用的模拟人的躯干外形、重心的重物。(GB 6095—2009，定义 3.23)

1103. 什么是逃生缓降器?

答: 逃生缓降器是通过主机内的行星轮减速机构及摩擦轮毂内摩擦块的作用，保证使用者依靠自重以一定速度安全降至地面的往复式自救逃生器械。

1104. 什么是个体防护装备?

答: 个体防护装备是从业人员为防御物理、化学、生物等外界因素伤害所穿戴、配备和使用的各种护品的总称。

1105. 什么是安全链?

答: 安全链是一种由机组若干关键保护节点串联组成的独立于控制系统的硬件保护回路。(GB/T 32077—2015《风力发电机组变桨距系统》，定义 3.13)

1106. 什么是飞车?

答: 飞车指风力发电机组制动系统失效，风轮转速超过允许

或额定转速，且机组处于失控状态。(DL/T 796—2012《风力发电场安全规程》，定义3.3)

1107. 什么是高处逃生？

答：高处逃生是当高处作业面发生危险情况需要马上撤离时，作业人员从高处作业面快速撤离至安全区域。

1108. 什么是营救逃生缓降器？

答：营救逃生缓降器主要由挂钩、绳索、速度控制及手轮组成，是一种高处作业环境的逃生和安全营救装置。

1109. 什么是救援？

答：救援是将受伤的、身体不适的或被困住的一人或多人解救至安全区域。

1110. 什么是专业救援人员？

答：专业救援人员是掌握急救、消防、高空作业安全知识与技能的专业机构工作人员。

1111. 什么是顺桨？

答：风电机组正常发电状态时，风电机组叶片是在0°工作位置，将风电机组顺桨，就是将叶片由0°变到90°工作位置，此时风电机组叶片受力最小，故风轮转速变慢，逐渐停止，风电机组停机。

1112. 安全色有哪几种？各颜色的含义是什么？

答：安全色有红、蓝、黄、绿4种，其含义和用途分别如下：

(1) 红色表示禁止、停止、消防和危险。禁止、停止和有危险的器件设备或环境涂以红色的标记。

(2) 黄色表示注意、警告。需警告人们注意的器件、设备或环境涂以黄色标记。

（3）蓝色表示指令、必须遵守的规定，如指令标志、交通指示标志等。

（4）绿色表示通行、安全和提供信息。

1113. 作业中常用的移动安全标示牌有哪些？

答：作业中常用的移动安全标示牌见表7-1。

表7-1　　作业中常用的移动安全标示牌

序号	标示牌名称	悬挂位置
1	禁止合闸，有人工作	悬挂在一经合闸即可送电到施工设备的断路器和隔离开关操作把手上
2	禁止合闸，线路有人工作	悬挂在线路断路器和隔离开关操作把手上
3	止步，高压危险	悬挂在工作地点周围的遮栏上，标示牌应朝向遮栏里面
4	禁止攀登，高压危险	悬挂在高压配电装置的构架爬梯上，以及变压器、电感器等设备的爬梯上
5	在此工作	悬挂在工作地点
6	从此进出	悬挂在室外工作地点遮栏的出入口处
7	从此上下	悬挂在工作人员可以上下的铁架、爬梯上

1114. 保证安全的组织措施有哪些？

答：（1）工作票制度。

（2）工作许可制度。

（3）工作监护制度。

（4）工作间断、转移和终结制度。

1115. 什么是劳动防护用品？

答：劳动防护用品指由生产经营单位为从业人员配备的，为防御物理、化学、生物等外界因素伤害，使其在劳动过程中免遭或者减轻事故伤害及职业危害的所穿戴、佩戴和使用的各种个人防护装备的总称，如防尘口罩、护目镜等。劳动防护用品对于减少职业危害起着相当重要的作用。

1116. 什么是危险和有害因素？

答：危险和有害因素是可对人造成伤亡、影响人的身体健康甚至导致疾病的因素。（GB/T 13861—2009《生产过程危险和有害因素分类与代码》，定义 3.2）

1117. 什么是健康损害？

答：健康损害是可确认的、由工作活动和（或）工作相关状况引起或加重的身体或精神的不良状态。（GB/T 28001—2011《职业健康安全管理体系　要求》，定义 3.8）

1118. 风力发电劳动防护用品配备的基本要求是什么？（LD/T 50—2016《风力发电劳动防护用品配备规范》）

答：（1）工作过程中存在危险和有害因素时，生产经营单位应为从业人员配备劳动防护用品，且劳动防护用品本身不应导致任何其他额外的风险。

（2）生产经营单位配备劳动防护用品时，应按照规定的劳动防护用品配备标准购置、发放。

（3）劳动防护用品的技术性能应达到国家标准或行业标准要求。

（4）为从业人员配备的劳动防护用品除符合安全性能要求外，应兼顾舒适、方便和美观。

1119. 风力发电主要作业危险和有害因素如何辨识？（LD/T 50—2016）

答：生产经营单位应从设备装置、生产物料、生产工艺、环境条件等方面辨识工作过程中潜在的物理性、化学性和生物性危险和有害因素，辨识中不仅应考虑正常工作过程中存在的危险和有害因素，还应分析设备受到破坏或失效，物料、工艺、环境等发生变化等情况下可能产生的危险和有害因素。

主要作业危险和有害因素见表 7-2。

表 7-2 主要作业危险和有害因素

主要作业区域	主要作业内容	典型危险和有害因素	可能引发的健康损害	防护需求
风力发电机组	风力发电机组及箱式变压器巡回检查	受限空间、触电、高处坠落、物体打击、车辆伤害、火灾、雷雨、沙尘暴、台风、暴雪、山洪、滑坡、泥石流、噪声、紫外线、高温、低温、高湿、高原空气稀薄、森林脑炎病毒、海水风暴潮和海平面上升、凝冻	受限空间作业发生缺氧、窒息；触电造成电击伤、电弧灼伤；高处坠落造成摔伤；高处落物发生物体打击和车辆肇事造成创伤；火灾造成烧伤；雷雨天气发生雷电击伤；沙尘暴、台风、暴雪天气容易发生跌倒摔伤，风沙对眼睛伤害造成的创伤；山洪、滑坡、泥石流造成淹溺、坍塌窒息；长期接触设备噪声诱发噪声聋；阳光诱发光接触性皮炎、白内障；高温诱发中暑；低温造成冻伤；高湿诱发皮肤病；高原低压性缺氧诱发高原病；蚊虫叮咬感染病毒诱发森林脑炎等疾病；沿海风暴潮和海平面上升造成淹溺；凝冻引发交通肇事、跌倒摔伤、冻伤	头部、眼面部、躯体、足部、手部、呼吸、听力、坠落、逃生防护及辅助设备、用品
	风力发电机组及箱式变压器检修、维护、测试；主要部件的更换与维修	高处坠落、起重伤害、机械伤害、车辆伤害、物体打击、触电、火灾、受限空间、化学品、紫外线、高温、低温、高湿、高原空气稀薄、火灾、森林脑炎病毒、粉尘	高处坠落造成摔伤；起吊重物、车辆肇事、检修使用工器具和高处落物发生物体打击造成创伤；触电造成电击伤、电弧灼伤；火灾造成烧伤；受限空间作业发生缺氧、窒息；油漆及有机溶剂、液压油、齿轮油、润滑油脂诱发过敏；阳光诱发光接触性皮炎、白内障；高温诱发中暑；低温造成冻伤；高湿诱发皮肤病；高原低压性缺氧诱发高原病；蚊虫叮咬感染病毒诱发森林脑炎等疾病；粉尘诱发尘肺病	头部、眼面部、躯体、足部、手部、呼吸、听力、坠落、逃生防护及辅助设备、用品

续表

主要作业区域	主要作业内容	典型危险和有害因素	可能引发的健康损害	防护需求
风力发电机组	设备防腐、保温；设备润滑油液、油脂及液压系统油液取样、加注和更换	油漆油脂挥发毒性（如苯等）、粉尘、高处坠落、火灾、车辆伤害、机械伤害	油漆及有机溶剂、液压油、齿轮油、润滑油脂诱发过敏；粉尘诱发尘肺病；高处坠落造成摔伤；火灾造成烧伤；车辆肇事和检修使用工器具造成创伤	头部、眼面部、躯体、足部、手部、呼吸、听力、坠落、逃生防护及辅助设备、用品
	电(弧)焊	触电、高处坠落、焊接烟尘、紫外线、火灾、气瓶爆炸、受限空间	触电造成电击伤、电弧灼伤；高处坠落造成摔伤；焊接烟尘诱发电焊工尘肺；焊接电弧紫外线诱发过敏性皮炎、电光性眼损伤；火灾造成烧伤；使用氧气、乙炔瓶发生爆炸造成创伤；受限空间内检修作业发生缺氧、窒息	头部、眼面部、躯体、足部、手部、呼吸、听力、坠落、逃生防护及辅助设备、用品
变电站	运行值班	触电、高温、低温、高湿、高原空气稀薄、海水风暴潮、海平面上升、火灾	触电造成电击伤、电弧灼伤；高温诱发中暑；低温造成冻伤；高湿诱发皮肤病；高原低压性缺氧诱发高原病；沿海风暴潮和海平面上升造成淹溺；火灾造成烧伤	躯体、足部防护及辅助设备、用品
	运行倒闸操作、巡视检查、定期轮换、试验、测量、布置和拆除安全措施	触电、火灾、SF_6、噪声、高温、低温、高湿、沙尘暴、台风、暴雪、高原空气稀薄、火灾、雷雨、山洪、滑坡、泥石流、海水风暴潮、海平面上升、凝冻	触电造成电击伤、电弧灼伤；火灾造成烧伤；SF_6中毒；长期接触设备噪声诱发噪声聋；高温诱发中暑；低温造成冻伤；高湿诱发皮肤病；沙尘暴、台风、暴雪天气容易发生跌倒摔伤，风沙对眼睛伤害造成的创伤；高原低压性缺氧诱发高原病；火灾造成烧伤；雷雨天发生雷电击伤；山洪、滑坡、泥石流造成淹溺、坍塌窒息；沿海风暴潮和海平面上升造成淹溺；凝冻引发交通肇事、跌倒摔伤、冻伤	头部、眼面部、躯体、足部、手部、听力、呼吸防护及辅助设备、用品

续表

主要作业区域	主要作业内容	典型危险和有害因素	可能引发的健康损害	防护需求
变电站	高压开关（刀闸）设备检修（含母线、门型构架）	触电、高处坠落、起重伤害、车辆伤害、机械伤害、SF_6	触电造成电击伤、电弧灼伤；高处坠落造成摔伤；起吊重物、车辆肇事和检修使用工器具造成创伤；SF_6中毒	头部、躯体、足部、手部、坠落、呼吸防护及辅助设备、用品
	低压开关（刀闸）设备检修	触电、机械伤害	触电造成电击伤、电弧灼伤；检修使用工器具造成创伤	头部、躯体、足部、手部防护及辅助设备、用品
	继电保护、二次仪表、自动装置检修、试验	触电	触电造成电击伤、电弧灼伤	头部、躯体、足部、手部防护及辅助设备、用品
	变压器检修	触电、高处坠落、起重伤害、车辆伤害、机械伤害、变压器油、火灾	触电造成电击伤、电弧灼伤；高处坠落造成摔伤；起吊重物、车辆肇事和检修使用工器具造成创伤；变压器油诱发过敏；火灾造成烧伤	头部、躯体、足部、手部、坠落防护及辅助设备、用品
	设备清扫、高压预试	高处坠落、触电	高处坠落造成摔伤；触电造成电击伤、电弧灼伤	头部、躯体、足部、手部、坠落防护及辅助设备、用品
	蓄电池检修、蓄电池充放电试验	触电、酸腐蚀、火灾、爆炸、机械伤害	触电造成电击伤、电弧灼伤；蓄电池内硫酸造成化学品灼伤；蓄电池充电时产生氢气集聚达到爆燃浓度遇明火发生爆炸，引发火灾造成烧伤；检修使用工器具造成创伤	头部、眼面部、躯体、足部、手部、呼吸防护及辅助设备、用品

续表

主要作业区域	主要作业内容	典型危险和有害因素	可能引发的健康损害	防护需求
变电站	生活水泵、消防泵检修；水池、水箱清理	触电、机械伤害、窒息、淹溺	触电造成电击伤、电弧灼伤；旋转机械、检修工器具造成创伤；受限空间作业发生缺氧、窒息；落水造成淹溺	头部、躯体、足部、手部防护及辅助设备、用品
	电(弧)焊	触电、高处坠落、焊接烟尘、紫外线、火灾、气瓶爆炸	触电造成电击伤、电弧灼伤；高处坠落造成摔伤；焊接烟尘诱发电焊工尘肺；焊接电弧紫外线诱发过敏性皮炎、电光性眼损伤；火灾造成烧伤；使用氧气、乙炔瓶发生爆炸造成创伤	头部、眼面部、躯体、足部、手部、坠落防护及辅助设备、用品
	厂房修缮、设备防腐涂装施工	高处坠落、油漆挥发毒性、火灾	高处坠落造成摔伤；油漆挥发性苯中毒；火灾造成烧伤	头部、躯体、手部、呼吸、坠落防护及辅助设备、用品
电力线路	汇集线路、送出线路巡回检查	车辆伤害、紫外线；高温、低温、高湿、高原空气稀薄、火灾、森林脑炎病毒、噪声、雷雨、沙尘暴、台风、暴雪、山洪、滑坡、泥石流、海水风暴潮和海平面上升、凝冻	车辆肇事造成创伤；阳光照射诱发光接触性皮炎、白内障；高温诱发中暑；低温造成冻伤；高湿诱发皮肤病；高原低压性缺氧诱发高原病；火灾造成烧伤；蚊虫叮咬感染病毒诱发森林脑炎等疾病；雷雨天气发生雷电击伤；沙尘暴、台风、暴雪天气容易发生跌倒摔伤；风沙对眼睛伤害造成的创伤；长期接触设备噪声诱发噪声聋；山洪、滑坡、泥石流造成淹溺、坍塌窒息；沿海风暴潮和海平面上升造成淹溺；凝冻引发交通肇事、跌倒摔伤、冻伤	头部、眼面部、躯体、足部、手部、听力及辅助设备、用品

续表

主要作业区域	主要作业内容	典型危险和有害因素	可能引发的健康损害	防护需求
电力线路	电缆沟内电缆检查、电缆更换、线路杆塔检查维护	触电、有毒气体、高处坠落、物体打击、火灾、车辆伤害、机械伤害	触电造成电击伤、电弧灼伤；沟道、井坑内沼气等有毒气体造成中毒；高处坠落造成摔伤；火灾造成烧伤；车辆肇事和检修使用工器具造成创伤	头部、眼面部、躯体、足部及手部、呼吸、坠落防护及辅助设备、用品

1120. 风力发电劳动防护用品及其主要技术性能有哪些？

答：风力发电劳动防护用品及其主要技术性能见表7-3。

表7-3　　风力发电劳动防护用品及其主要技术性能

防护分类	劳动防护用品名称	主要技术性能
头部防护	普通安全帽	冲击吸收性能、耐穿刺性能 (GB 2811—2007《安全帽》，基本技术性能 4.2.1、4.2.2)
	防寒安全帽	冲击吸收性能、耐穿刺性能、耐低温性能、保温性能 (GB 2811—2007，特殊技术性能 4.3.5)
眼面防护	一般护目镜	抗冲击性能、粉尘防护性能、化学雾滴防护性能 镜片的可见光透射比（透射光和入射光强度之比）>0.89 (GB 14866—2006《个人用眼护具技术要求》，技术要求 5.6.3、5.7、5.13、5.14)
	防强光护目镜	防强光及紫外线、抗冲击性能、粉尘防护性能、化学雾滴防护性能 镜片的可见光透射比≥0.744。 (GB 3609.1—2008《职业眼面部防护　焊接部分 第1部分：焊接防护具》，光学性能 5.4)

续表

防护分类	劳动防护用品名称	主要技术性能
眼面防护	焊接工防护面罩	抗冲击性能、阻燃性能、抗腐蚀性能、抗热穿透性能 保护片的可见光透射比≥0.744 滤片的透射比见 GB 3609.1—2008 表 1 （GB 3609.1—2008，光学性能 5.4；非光学性能 5.5）
听力防护	耳塞	声衰减性能
	耳罩	声衰减性能
呼吸防护	自吸过滤式防尘口罩	致密性能、过滤效率≥95% 总吸气阻力≤350Pa、总呼气阻力≤250Pa （GB 2626—2006《呼吸防护用品　自吸过滤式防颗粒物呼吸器》，技术要求 5.3、5.6）
	自吸过滤式防毒面具	致密性能、带有综合过滤元件（防护时间 2 级以上，滤烟能力 P2 以上） 吸气阻力≤40Pa、呼气阀阻力≤100Pa （GB 2890—2009《呼吸防护　自吸过滤式防毒面具》，分类 4.3；技术要求 5.1.8）
	正压式呼吸器	耐高低温性能、呼吸器质量≤18kg 整机气密性能满足压力降低速度≤2MPa/min 吸气阻力≤500Pa、呼气阻力≤1000Pa 压力表精度等级≥2.5 级 （GA 124—2013《正压式消防空气呼吸器》，技术要求 5.3、5.5、5.6、5.7、5.14）
	氧气呼吸器	耐压性能
躯体防护	一般工作服	抗摩擦性能
	连体式防护服	抗摩擦性能
	焊接防护服	阻燃性能、耐热性能、防护级别；B 级及以上 （GB 8965.2—2009《防护服装　阻燃防护　第 2 部分：焊接服》，要求 5.5）
	防油服	耐油性能、抗摩擦性能 （AQ 6101—2007《橡胶耐油手套》，技术要求 3.4、3.6）

续表

防护分类	劳动防护用品名称	主要技术性能
躯体防护	防寒服	符合 GB/T 13459《劳动防寒服　防寒保暖要求》的规定
	防雨服	抗摩擦性能、防水性能
	防虫服	符合 GB/T 28408《防护服装　防虫防护服》的规定
	隔热服	阻燃性能、热稳定性能、抗辐射热渗透性能 （GA 634—2015《消防员隔热防护服》，性能要求 6.1、6.2）
	救生衣	耐腐蚀性能、抗摩擦性能、耐油性能、耐高低温性能 （GB/T 4303—2008《船用救生衣》，要求 5.1、5.5、5.7）
手部防护	一般工作手套	抗摩擦性能、耐撕裂性能
	防寒手套	耐低温性能、保温性能
	防机械伤害手套	耐摩擦性能、耐切割性能、耐撕裂性能、耐穿刺性能、性能等级≥2 级 （GB 24541—2009《手部防护　机械危害防护手套》，技术要求 4.2）
	焊接手套	抗刺穿性能、抗熔融金属冲击性能 垂直电阻（通过材料的电阻）$>10^5\Omega$ （AQ 6103—2007《焊工防护手套》，技术要求 5.3、5.4）
	耐油手套	耐油性能、抗摩擦性能［AQ 6101—2007，技术要求 3.4、3.6］
	绝缘手套	耐低温性能、阻燃性能、耐老化性能、防护能别≥2 级 （GB/T 17622—2008《带电作业用绝缘手套》，分类 4.2）
	防化学品手套	抗穿透性能、抗渗透性能 （GB 28881—2012《手部防护　化学品及微生物防护手套》，防护性能 4.3.1、4.3.2）
	隔热手套	阻燃性能、热稳定性能、抗辐射热渗透性能 （GA 634—2015，性能要求 6.1、6.2）

续表

防护分类	劳动防护用品名称	主要技术性能
足部防护	安全鞋	防砸性能、防滑性能、抗刺穿性能 抗冲击能量≥200J、抗压力≥15kN （GB 21148—2007《个体防护装备安全鞋》，安全鞋的附加要求 6.1）
	绝缘靴	耐低温性能、耐老化性能、防护级别≥2 级 [DL/T 676—2012《带电作业用绝缘鞋（靴）通用技术条件》，要求 5.3、5.4、5.5]
坠落防护	坠落悬挂安全带①	结构平滑、抗腐蚀性能、阻燃性能 主带（直接承受冲击力的带）宽度≥40mm 辅带（不直接承受冲击力的带）宽度≥20mm 护腰带宽度≥80mm（触腰一侧材料应柔软、吸汗、透气） （GB 6095—2009，技术要求 5.1.3.2、5.1.3.3、5.1.3.7）
逃生防护	救生缓降器	钢丝绳直径≥3mm 下降速度：0.16～1.5m/s （GB 21976.2—2012《建筑火灾逃生避难器材　第 2 部分：逃生缓降器》，技术要求 4.2.1、4.4.1）
辅助设备、用品	急救包	符合 GJB 829《急救包通用技术条件》的规定
	辅助送风机	——
	头灯	多光源
	疫苗、针剂②	——

注　符号“——”表示主要技术性能可依照具体使用需求而定。

①部件组成包含系带、连接器、安全绳、自锁器、缓冲器（可选）。

②包括针对高原反应、海上晕船、林区虫害的药品（外用和注射森林脑炎疫苗等）。

1121. 风力发电劳动防护用品的配备要求有哪些？（LD/T 50—2016）

答：（1）生产经营单位应根据危险和有害因素辨识结果，有针对性地为从业人员配备相应的劳动防护用品。劳动防护用品的主要技术性能应符合表 7-3 的要求。

（2）进入生产现场人员应正确佩戴安全帽（运行值班除外）。

（3）在距坠落高度基准面（通过可能坠落范围内最低处的水平面）2m 及 2m 以上有可能坠落的高处作业人员应佩戴坠落悬挂安全带。

（4）进行风力发电机组润滑油系统、液压油系统油液取样、加注和更换时，应穿戴防油服、耐油手套、护目镜。

（5）更换风力发电机组碳刷、清理滑环、维修打磨叶片时，应穿戴连体式防护服、自吸过滤式防毒面具、护目镜。

（6）在风力发电机组机舱内外作业时，应根据作业情况穿戴坠落悬挂安全带，携带救生缓降器、辅助送风机。

（7）进行电（弧）焊、焊补、铜焊、切割焊、气焊等作业，应穿戴焊接工防护服、安全鞋、焊接工防护面罩、焊接手套。

（8）进行凿削、钻孔、锤击、切割、打磨等工作及任何其他产生飞扬物的工作均应佩戴护目镜、自吸过滤式防尘口罩、防机械伤害手套和安全鞋。

（9）六氟化硫（SF_6）设备解体检修时，应佩戴自吸过滤式防毒面具。对室内由置六氟化硫（SF_6）设备的生产经营单位，应配备正压式呼吸器，并在指定位置存放。

（10）在接触危险化学品或油漆作业时，应佩戴自吸过滤式防毒面具、防化学品手套、护目镜。

（11）扑救可能产生有毒气体火灾（如电缆着火、电气开关室设备着火）时，应使用正压式呼吸器。

（12）在噪声值高于 80dB 的工作环境，工作人员应佩戴听力保护用品，且应至少配备两种类型的听力保护用品：耳罩和耳塞。

（13）进行带电设备作业时，应穿戴相应电压等级的绝缘靴、绝缘手套。

（14）室外作业及作业地点平均气温等于或低于 5℃时，应穿戴防寒服、冬季安全鞋、防寒安全帽、防寒手套。

（15）在接触热的液体、气体、固体，火焰及炽热源的作业时，应穿戴隔热服、隔热手套、防强光护目镜。

（16）在林区、草原以及存在疫源的地区从事野外作业人员，应配备防虫防护服和急救包，并应接种疫苗、采取注射预防针剂等防疫措施。

（17）水上作业人员应穿救生衣等水上作业防护用品。

（18）在海拔高度 3000m 以上的作业及艰险地区野外作业应携带氧气呼吸器，在作业人员感觉身体不适时使用。

1122. 风力发电劳动防护用品如何管理？（LD/T 50—2016）

答：（1）生产经营单位应建立、健全劳动防护用品的配备和判废程序，包括采购、验收、保管、发放、使用、更换、报废等管理制度及流程。主管安全技术的部门应对购进的劳动防护用品组织进行验收，查验生产企业资质证书、检验报告等相关文件是否齐全，必要时采取抽样检验等方式进行验证，并建立完善劳动防护用品发放台账和发放卡。

（2）劳动防护用品的使用年限应按相关标准执行，有定期检测要求的劳动防护用品应按照检测周期进行检测。对于达到使用年限的、检测不合格的、使用或保管时遭到破损或变形的劳动防护用品应统一报废和更换。

（3）被有毒有害物质污染的劳动保护用品，应及时报废和更换，避免对环境造成污染和危害。

（4）生产经营单位应制定培训计划，培训的内容应包括劳动防护用品的标准要求、使用方法、维护维修方法、储存要求、检查方法等。除理论知识培训外，应在专业人员的指导、监督下对作业人员进行劳动防护用品的实际使用培训。

1123. 风电场安全标识包括哪几类？（NB/T 31088—2016《风电场安全标识设置设计规范》）

答：风电场设置的安全标识应包括安全标志、消防安全标志、道路交通标志和安全警戒线。

1124. 风电场安全标识设置的基本要求是什么？(NB/T 31088—2016)

答：(1) 机组安全标识应符合《安全标志及其使用规则》GB 2894 的规定。机组内的安全标识通常分禁止类、警告类、指令类、提示类。应根据不同的风险来设计标识，机组安全标识应至少包含高处坠落风险、触电风险、机械伤害风险、逃生与救援的指南等方面的标识，应对安全标识进行文字描述；逃生标识应具备夜光功能。

(2) 机组工作人员应定期检查机组安全标识，不清晰或者妨碍阅读时应立即进行更换；机组安全标识位置应处在需要提示的风险周边，并便于作业人员查看。

(3) 风电场安全标志和消防安全标志应使用相应的通用图形标志和辅助标志的组合标志。风电场道路交通标志应使用相应的主标志和辅助标志的组合标志。安全标志、消防安全标志和道路交通标志的辅助标志设置，应分别符合现行国家标准 GB 2894、《消防安全标志》GB 13495 和《道路交通标志和标线 第 2 部分：道路交通标志》GB 5768.2 的规定。

(4) 安全标志牌和消防安全标志牌应分别设置在安全和消防有关场所的醒目位置，便于人们看到，并有足够的时间来注意它所表达的内容。显示环境信息的安全标志牌应设置在有关场所的入口处和醒目处；显示局部信息的安全标志牌应设置在所涉及的相应危险地点或设备（部件）的醒目处。

(5) 安全标志牌和消防安全标志牌不应设在影响认读的可移动物体上，标志牌前不应放置妨碍认读的障碍物。道路交通标志牌一般情况下应设置在道路行进方向右侧或车行道上方，也可根据具体情况设置在左侧，或左右两侧同时设置。

(6) 安全标志分禁止标志、警告标志、指令标志和提示标志四大类型。多个安全标志牌设置在一起时，应按照警告标志、禁止标志、指令标志和提示标志的顺序，先左后右、先上后下排列。多个道路交通标志牌设置在一起时，其设置要求应符合现行国家标准 GB 5768.2 的规定。

(7) 安全标志牌和消防安全标志牌的固定方式分附着式、悬挂式和柱式三类。附着式和悬挂式的固定应稳固不倾斜，柱式的标志牌和支架应连接牢固。临时标志牌应采取防止脱落、移位措施，室外悬挂的临时标志牌宜做成双面，并悬挂牢固。道路安全标志牌的支撑方式分柱式、悬臂式、门架式和附着式四类。

(8) 安全标志牌和消防安全标志牌应设置在明亮的环境中。环境照明应符合现行国家标准《建筑照明设计标准》GB 50034 的规定。

(9) 安全标志牌设置的高度应与人眼的视线高度一致，悬挂式和柱式的环境信息标志牌的下缘距地面的高度不宜小于 2m，局部信息标志牌的设置高度应视具体情况确定。消防安全标志牌的设置高度应符合现行国家标准《消防安全标志设置要求》GB 15630 的规定。风电场专用道路上悬臂式的道路交通标志牌下缘距路面的高度，应满足风电场大件运输净空的要求。

(10) 安全标识所用的颜色应符合现行国家标准《安全色》GB 2893 的规定。

(11) 安全标志牌和消防安全标志牌遗失、破损、变形、褪色等不符合要求时，应及时修整或更换，修整或更换处应设置临时标志牌。安全标志牌和消防安全标志牌至少应每半年全面检查一次。

(12) 风电机组塔架和机组变压器等部位在生产运行过程中可能发生触电、火灾、爆炸、高处坠落、物体打击等安全事故，应设置相应的安全标识。

(13) 风电机组塔架和机组变压器、集电线路、升压站安全标志的尺寸、形式、材质等应结合工程项目和周边环境特点选择。

第二节　电　气　作　业

1125. 高、低压电压等级是如何划分的?

答: (1) 低压指用于配电的交流系统中 1000V 及其以下的电压等级。

（2）高压通常指超过低压的电压等级。

1126. 什么是运用中的电气设备？

答：运用中的电气设备指全部带有电压、一部分带有电压或一经操作即带有电压的电气设备。

1127. 防止触电的措施有哪些？

答：防止触电的措施有绝缘、屏护、间距、接地、接零、加装漏电保护装置和使用安全电压等。

1128. 对安全距离是如何规定的？

答：不同电压等级对应的安全距离见表 7-4。

表 7-4　　不同电压等级对应的安全距离

电压等级（kV）	距离 1（m）	距离 2（m）
10 及以下	0.70	0.35
20、35	1.00	0.60
66、110	1.50	1.50
220	3.00	3.00
330	4.00	4.00
500	5.00	5.00

1129. 安全距离如何使用？

答：（1）当人与带电部分的安全距离大于上题距离 1 时，可不将带电设备停电，填用电气第二种工作票。

（2）当工作人员与带电部分的安全距离小于上题距离 2 时，应将高压设备停电。

（3）若工作人员与带电部分的安全距离大于上题距离 2，小于上题距离 1，同时又无绝缘隔板、安全遮栏等措施，应将高压设备停电。

1130. 雷雨天气巡视室外高压设备时应注意什么？

答：应穿绝缘靴，并不得靠近避雷器和避雷针。

1131. 高压设备发生接地时，运行人员如何防护？

答：（1）高压设备发生接地，室内不得接近故障点的距离为4m以内，室外不得接近故障点的距离为8m以内。

（2）由于工作需要而进入该范围之内的人员，应穿绝缘靴，以防跨步电压；接触设备外壳和架构时，应戴绝缘手套。

（3）如工作中突然遇到接地故障，要并足或单足跳离危险区域。

1132. 在电气设备上工作，保证安全的技术措施有哪些？

答：（1）停电。

（2）验电。

（3）装设接地线。

（4）悬挂标示牌和装设遮栏（围栏）等保证安全的技术措施。

1133. 低压回路停电工作的安全措施有哪些？

答：（1）停电、验电、接地、悬挂标示牌或采用绝缘遮蔽措施。

（2）临近有电回路、设备，应加装绝缘隔板或绝缘材料包扎等措施。

（3）停电更换熔断器后恢复操作时，应戴手套和护目眼镜。

1134. 什么是直接验电？

答：直接验电是使用测验合格且合适的验电工具直接在带电体上检验是否带电。

1135. 什么是间接验电？

答：间接验电指检查隔离开关的机械指示位置、电气指示、仪表及带电显示装置指示的变化，且应由2个及以上指示已同时发生对应变化来确定设备是否带电；若进行遥控操作，则应同时检查隔离开关的状态指示、遥测、遥信信号及带电显示装置的指示来判断设备的带电情况。

1136. 如何进行验电？

答：验电时，应使用相应电压等级而且合格的接触式验电器，在装设接地线或合接地开关处对各相分别验电。验电前，应先在有电设备上进行试验，确证验电器良好；无法在有电设备上进行试验时，可用高压发生器等确证验电器良好。如果在木杆、木梯或木架上验电，不接地线不能指示者，可在验电器绝缘杆尾部接上接地线，但应经运行值班负责人或工作负责人许可。

1137. 高压验电应注意哪些安全事项？

答：（1）高压验电应戴绝缘手套。

（2）验电器的伸缩式绝缘棒应全部拉出，验电时手应握在手柄处且不得超过护环，人体应与被验电设备保持设备不停电时的安全距离。

（3）雨雪天气时，不得进行室外直接验电。

1138. 什么情况下应加装接地线或个人保安线？

答：对于因平行或邻近带电设备导致检修设备可能产生感应电压时，应加装接地线或工作人员使用个人保安线，加装的接地线应登录在工作票上，个人保安线由工作人员自装自拆。

1139. 进入 SF_6 开关室应注意什么？

答：开启通风装置 15min 后，方可进入。注意不应在 SF_6 设备防爆膜附近停留。

1140. SF_6 配电装置发生大量泄漏时如何处理？

答：人员应迅速撤出现场，开启所有排风装置进行排风。未配戴隔离式防毒面具的人员禁止入内。只有在测量含氧量大于

18%、SF_6气体含量小于1000μL/L后，人员才准进入。

1141. 低压触电采用哪些方法使触电者脱离电源？

答：（1）如果触电地点附近有电源开关或电源插座，可立即拉开开关或拔出插头，断开电源。

（2）如果触电地点附近没有电源开关或电源插座（头），可用有绝缘柄的电工钳或干燥木柄的斧头切断电线，断开电源。

（3）当电线搭在触电者身上或压在身下时，可用干燥的衣服、手套、绳索、皮带、木板、木棒等绝缘物作为工具，拉开触电者或挑开电线，使触电者脱离电源。

（4）如果触电者的衣服是干燥的，又没有紧缠在身上，可以用一只手抓住他的衣服，拉离电源。但触电者的身体是带电的，其鞋的绝缘也可能遭到破坏，救护人不得接触触电者的皮肤，也不能抓他的鞋。

（5）若触电发生在低压带电的架空线路上或配电台架、进户线上，可立即切断电源的，则应迅速断开电源，救护者迅速登杆或登至可靠的地方，并做好自身防触电、防坠落安全措施，用带有绝缘胶柄的钢丝钳、绝缘物体或干燥不导电物体等工具将触电者脱离电源。

1142. 高压触电采用哪些方法使触电者脱离电源？

答：（1）通知高压设备所属部门停电。

（2）戴上绝缘手套，穿上绝缘靴，用相应电压等级的绝缘工具按顺序拉开电源开关或熔断器。

（3）抛掷裸金属线使线路短路接地，迫使保护装置动作，断开电源。注意抛掷金属线之前，应先将金属线的一端固定并可靠接地，然后另一端系上重物抛掷，注意抛掷的一端不可触及触电者和其他人。另外，抛掷者抛出线后，要迅速离开接地的金属线8m以外或双腿并拢站立，防止跨步电压伤人。在抛掷短路线时，应注意防止电弧伤人或断线危及人员安全。

1143. 高压电缆线路停电后，可否立即进行检修工作？

答：不可以。因为高压电缆线路的电容一般很大，储存有大量电荷，并有相当高的电压，如果停电后不放电就进行检修作业，接触电缆就有触电危险。所以，高压电缆线路停电后，必须先充分放电，然后才可进行检修工作。

1144. 电缆在耐压试验前应采取哪些措施？

答：（1）电缆耐压试验前，加压端应做好安全措施，防止人员误入试验场所。另一端应挂上警告牌。如另一端是上塔（杆）处或是锯断电缆处，应派人看守。

（2）电缆在试验过程中，更换试验引线时，应先对设备充分放电，作业人员应戴好绝缘手套。

（3）电缆耐压试验分相进行时，另两相电缆应接地。

（4）电缆试验结束，应对被试电缆进行充分放电，并在被试电缆上加装临时接地线，待电缆尾线接通后才可拆除。

（5）测定电缆故障点时，禁止直接用手触摸电缆，以免触电。

1145. 风电场电气作业的基本安全要求有哪些？（GB/T 35204—2017《风力发电机组　安全手册》）

答：（1）电气作业应由取得国家高低压电工资质经授权并具有熟练技能的人员来操作。

（2）现场作业人员进行风力发电机组调试、检修和维护工作均应符合 GB 26860《电力安全工作规程　发电厂和变电站电气部分》的规定执行工作票制度、工作监护制度和工作许可制度、工作间断转移和终结制度，动火作业应开动火工作票。

（3）启动机组并网前，应确保电气柜柜门关闭，外壳可靠接地；检查和更换电容器前，应将电容器充分放电。应重点关注机组内外带电部位及张贴“当心触电”标识的部位或区域。

（4）当作业人员到达作业面，无高处坠落情况下作业人员应将自身的防坠落安全用品（含金属部件）解除下来并放置在电气设备安全距离的区域；机组正常工作时动力电缆外部有感应电压，请勿接触。

(5) 电气工作人员进行电气作业的安全技术措施应符合 GB 26860 的相关规定；进行电气工作，应佩戴好检验合格的个人防护设备。

(6) 应在机组电气柜、机组断路器旁悬挂“禁止合闸”的警示牌，按照 GB/T 24612.2《电气设备应用场所的安全要求 第 2 部分：在断电状态下操作的安全措施》相关规定对机组电源断路器、启动按钮进行管理；以防止人为误操作而造成远程或者就地重新启动机组。

(7) 机组测试工作结束，应核对机组各项保护参数，恢复正常设置；超速试验时，试验人员应在塔架底部控制柜进行操作，人员不应滞留在机舱与爬梯上，并应设专人监护。

(8) 机组经调试、检修和维护后，启动机组前应经工作负责人、工作许可人确认。

1146. 风电机组内部变压器作业的基本安全要求有哪些？（中高压变压器）（GB/T 35204—2017）

答：(1) 只有具有电气作业专业资质的工作人员正确使用与变压器电压相适应的劳保用品和安全工具，如防电弧冲击面屏、绝缘手套、绝缘鞋、绝缘毯或绝缘凳、电气锁具、验电器、接地线等，执行工作票制度，才可进行变压器作业。

(2) 工作人员进入机组变压器区域工作前应将机组负荷降为零，进行停机操作；断开塔筒机组侧开关、箱变低压侧开关、箱变侧高压开关（环网柜）并进行锁定和悬挂标识牌。

(3) 工作人员进行断电作业后应使用相应电压等级的验电器确认无电压。使用验电器前应按照如下验电器的检测程序进行测试。

下述步骤中任何一个不正常，工作人员不应继续作业：

1) 检测时应先重复按下测试按钮，查看验电器是否工作正常；二极管是否发光，声响报警器是否能正常启动。

2) 将电压验电器接触带电部位，检查验电器是否工作正常。

(4) 变压器的高压端接地时应将短路接地线的接地端连接最近的接地板，然后用短路接地线另一端接触变压器的高压端，释放变压器内残余的电能；再将三相接地线分别与变压器三相高压端子连接。

(5) 使用验电器，确认变压器三相低压端无电压。

(6) 将短路接地线的接地端连接至距离变压器低压端最近的接地板，然后将短路接地线的三相分别与变压器三相低压端子连接。

(7) 变压器断电后，应至少等待 20min，让变压器充分冷却；应注意变压器高温部位，当心烫伤。

(8) 作业完成后，要检查确认无任何工具零件落在变压器室，拆除地线及锁具等。

第三节 风电机组作业

1147. 进行风电机组作业前应进行哪些检查?

答: (1) 检查工作班成员是否穿工作服、戴安全帽、穿绝缘防砸鞋。

(2) 检查通信设备（对讲机）的电量是否充足、频率是否一致，保持通信畅通。

(3) 检查作业需要的工具、备件是否齐全，备件型号是否相符。

(4) 检查车辆的油量、刹车、转向、灯光、喇叭、轮胎等是否正常。

(5) 可能会发生雷雨天气的情况下，不安排登机作业，已在现场的工作人员应迅速撤离现场。

1148. 工作班成员应遵守哪些规定?

答: (1) 工作班成员不得少于两人。

(2) 禁止或尽量减少相互隔离，如超出视力或听力范围，必须使用电量充足的对讲机或移动电话来保持通信，以保证相互安全。

（3）如果小组成员有人需要休息，工作必须中断。

（4）若没通知同伴，不能停止工作或离开。

1149. 人身防护装备包括哪些？应满足什么要求？

答：人身防护装备包括专业安全带、防坠缓冲绳、止跌扣（防坠落制动器）、限位工作绳、安全帽、防砸防滑安全鞋、连体工作服。

人身防护装备应满足以下要求：

（1）具有“CE”标志。

（2）在有效期内使用。

（3）不得破损。

1150. 风电机组外部检查的注意事项有哪些？

答：（1）对抵近运行的风电机组进行检查，不要在风轮同平面的下方停留，应在前后进行观察。

（2）冰雪天气，接近风电机组前，应注意机舱、叶片的结冰情况，车辆应停泊于安全区域（4倍风轮半径外），以防冰块坠落造成伤害。

（3）确保风电机组附近无人玩耍或逗留，悬挂必要的安全警示标志或者布置警戒线。

（4）检查进风电机组的门是否上锁，以免未经授权的人擅自进入风电机组。

1151. 攀爬时应遵守哪些规定？

答：（1）将风电机组“远程控制”切换到“就地控制”，防止远方操作风电机组而出现意外。

（2）查看风电机组信息，攀爬前将风电机组停止运行，并使风电机组进入维护模式（检修状态）。

（3）遇雷暴天气时，作业人员应立即有序、安全地撤离现场。需要等待接送时，禁止待在塔筒内等待。

（4）在风电机组内（塔筒、机舱及轮毂）严禁吸烟。

（5）攀爬前，工作班成员相互检查个人防护设备的穿戴情况，并按照要求使用风电机组内的防坠落保护系统，确保100%的防坠落保护。

（6）每段爬梯上只允许一个人攀爬，向上攀爬时，兜内的杂务要掏出放在指定的地方，防止在攀爬过程中落物伤人。

（7）遵守携带工器具的员工先下后上的原则，防止发生坠物伤人。

（8）在爬梯上工作时，安全带防坠缓冲绳挂钩不允许挂在梯子的横梯上，需挂在两侧竖梁上。

（9）需要使用提升机时，每层平台上的吊物孔盖板需要打开，挂好防坠挂钩，防止人员发生坠落事故。

（10）要将每层爬梯盖板关闭，以保护后面人员攀爬梯子时不受坠落物的伤害。

1152. 为什么两个人不能在同一段塔筒内同时登塔？

答：如两人在同一段塔筒内同时登塔，上部登塔人员发生人员坠落或零配件及检修工具坠落时，会对下部登塔人员造成人身威胁甚至伤害。

1153. 操作风电机组提升机起吊时的注意事项有哪些？

答：（1）机舱内开、关吊物孔盖板时，应穿安全带并将防坠缓冲绳固定在机舱安全挂点上。

（2）机舱外起吊前，应将机舱偏至离线路较远的一侧，需用风绳稳定吊物，以免吊物与塔壁碰撞而造成塔筒防腐层和吊物损伤。

（3）起吊完成后，风绳底部一定固定牢靠，风绳禁止使用含软钢丝的绳索（吊装风轮时使用的风绳是含软钢丝的绳索），防止风绳飘至集电线路而发生触电伤害。

（4）机舱外起吊前，在风速较大的情况下，手动偏航将吊物孔偏转至风电机组下风向方可起吊物品。

（5）塔筒内起吊前，手动偏航，使风电机组吊具与吊物孔在同一垂直方向，起吊物在每层平台经过时，防止起吊物与平台发生碰撞后发生坠物伤人或损坏起吊物品的情况。

(6) 起吊期间，确保吊物底下无人，以避免坠物伤人。

(7) 起吊物品的质量不得超出提升机的额定载重，严禁超重或载人。

1154. 机舱内工作有哪些危险？

答：(1) 冰雪天气时，禁止进行机舱外部作业。

(2) 攀爬至机舱时，塔筒顶平台梯子夹伤。

(3) 风电机组偏航时，小齿轮、偏航刹车夹伤。

(4) 联轴器、刹车盘夹伤。

(5) 主轴及齿轮箱法兰叶轮锁处夹伤。

(6) 进入叶轮时，变桨轴承小齿轮夹伤。

1155. 变流器维护时有哪些危险？

答：(1) 变流器运行时，如打开变流器门，请特别注意防止触电。

(2) 切断变流器系统侧端子 AC 690V 后，内部残留电压（直流 1100V）至完全放电通常需耗时 30s。由故障引起的未正常放电而停止的情况，至完全放电大约需耗时 1h。

(3) 变流器发生故障，发出异味、异常声响时，请立刻将风电机组及变流器停止运行。

(4) 请将全部的断路器断开后再进行零件更换。若未将全部断路器设置为 OFF，可能会造成触电或零件损坏。

1156. 变流器运行时禁止的事项有哪些？

答：(1) 变流器门在打开状态下，请勿在其周围 1m 范围内使用手机或无线电对讲机。否则可能会导致风力发电系统误动作。

(2) 变流器运行时，请勿在其周围 1m 范围内进行闪光拍摄。否则可能会造成风力发电系统误动作。

(3) 变流器运行时，请勿对断路器、开关类进行手动操作，否则会造成变流器过电流，从而导致变流器重故障停止。

（4）不要堵塞吸排气口，不要在吸排气口附近放置物品。

1157. 进入轮毂前，须具备哪些条件？

答：（1）进入轮毂时的风速不超过12m/s。

（2）必须在机舱登陆控制系统将风电机组切换到维护状态（检修模式）。

（3）确认偏航、变桨、机械刹车在手动状态。

（4）手动变桨，调整到最佳进入轮毂位置。

（5）确认三叶片在顺桨位置，如叶片卡住未顺桨，将此叶片调整至6点钟位置。

（6）手动控制机械刹车，启用低速转子锁锁定风轮。

（7）冰雪天气时，不允许安排需出机舱才能进入轮毂的风电机组有检修作业。

（8）需出机舱进入轮毂的风电机组机型，必须绑安全带，挂防坠缓冲绳，风速不大于厂家的安全要求值。

1158. 风电机组内部焊接、切割作业应注意什么？

答：（1）在风电机组内部进行焊接、切割等容易引起火灾的作业，应提前通知有关人员，做好与其他工作的协调。

（2）清除作业场所周围一切易燃、易爆物品，或进行必要的防护隔离。

（3）确保灭火器有效，并放置在随手可及之处。

1159. 风电机组维护时，对火灾的预防措施有哪些？

答：（1）严禁在风电机组内吸烟。

（2）所有的包装材料、纸张和易燃物品必须在离开风电机组的时候全部带走，消除火灾隐患，并保证风电机组内的清洁。

（3）当执行存在有火灾危险的工作时，应采取必要的安全预防措施，并配备以下设备：紧急下降装置；灭火器；移动电话或对讲机；适当的听力保护措施（如戴耳罩）；适合手或手臂用的防护装备（工作手套），以免手握带棱或不平表面的物体而受伤。

1160. 风电机组维护时，若发生火灾时，应如何处理？

答：（1）若风电机组内起火，可以使用塔筒内的灭火器进行扑救，同时通知风电场人员，以寻求更多的帮助。

（2）如果发生火灾，所有人员必须远离风电机组的危险区，及时通知电场人员快速将风电机组与电网断开。

（3）拨打“119”火警电话，讲明着火地点、风电机组编号、着火部位、火势大小、外界环境风速、报警人姓名及手机号，并派人在路口迎接消防车，以便消防人员及时赶到火灾到场。

（4）不要打开通风口（如塔架门、机舱天窗、吊物孔），防止空气流通而扩大火势。

1161. 机舱外作业有何要求？

答：（1）机舱外作业的风速应不大于10m/s。

（2）只有具备相关资质的人员才允许进行机舱外作业。

（3）有晕高恐高、高血压等症状的人员严禁进行机舱外作业。

（4）机舱外作业必须两人进行，一人工作、一人监护。

（5）机舱外的作业人员应佩戴好个人安全用品，安全双钩应分开挂于可靠的挂点。

（6）工作中，需要摘掉安全挂钩时，严禁将两个挂钩同时摘除。

（7）机舱外作业时，应注意雨雪天的防滑。

（8）作业过程中，机舱上作业人员和机舱内人员应保持通信畅通。

1162. 如何从紧急出口逃生？

答：在紧急情况下，风电机组工作人员可以通过两个出口离开，并在30min内逃离。塔架门是一个逃生门，如果无法通过塔架门安全逃离，可以使用机舱中的逃生装置。利用此装置，几个人可从机舱一个一个地逃生。要求每个人绑安全带，逃离步骤如下：

（1）将逃生设备系到挂接点上。

（2）将工作人员与安全绳安全连接。

（3）打开提升机下的机舱尾部平台盖板。

（4）坐到机舱平台边缘上，用脚将舱门踢到90°打开舱门。

（5）打开逃生装置的拉链。

（6）将绳子通过舱门扔到地面上。

（7）将逃生装置的短绳吊钩与身上安全带的锁扣连接。

（8）从挂接点松绳子。

（9）挪动身体到下舱门。

（10）滑过舱门。

（11）在逃生装置帮助下慢速下滑。

（12）到达地面后，取下绳子，但保持吊钩仍在绳子上。

（13）拉绳子直到另一端到达机舱，下一个人才可和逃生装置连接。

（14）下一个人可以将安全带连到短绳吊钩上，重复上述步骤逃离。

1163. 风电机组维护工作结束后有何要求？

答：（1）清扫场地，清点工器具（尤其注意拆卸设备的清理，若有设备丢失，可能造成不可预计的损失）。

（2）退出机舱控制，将塔基控制柜“就地控制”按钮调整为“远程控制”。

（3）冰雪天气，启动风电机组前，检查叶片是否结冰，查看附近有无人员逗留和其他造成当地居民财产损失的情况后，再启动风电机组。

（4）将风电机组塔筒门上锁，防止无授权人员进入。

1164. 对参观人员有哪些要求？

答：（1）所有在风电机组里或在工作现场没有相关工作任务的人员可被定义为参观人员。

（2）参观人员应征得现场管理人员的允许，并在相关人员陪同下，穿戴合适的人身防护装备后才可进入现场或风电机组。

1165. 风电机组现场作业时的安全责任要求有哪些？（GB/T 35204—2017）

答：（1）项目经理或风场负责人应对进入项目现场工作执行安全交底工作，落实工作负责人；完成同一工作至少指派两名工作人员；应保持现场通信工具正常工作。机组上处于不同工作面的作业人员按照一定时间间隔与工作负责人或其指定的联系人联系，通话间隔不宜超过15min。

（2）现场工作负责人应正确安全地组织工作，负责检查工作票所列安全措施是否正确完备，是否符合现场实际条件，必要时予以补充。

（3）现场工作负责人应在工作前对工作班成员进行危险点告知，交待安全措施和技术措施，并确认每一个工作班成员都已知晓。

（4）现场工作负责人应督促、监护工作班成员遵守安全规范，正确使用个体防护装备和执行现场安全措施。

（5）现场工作负责人应确认工作班组成员精神状态是否良好，是否可以完成项目工作。

（6）现场工作人员应严格执行工作票所列安全措施与现场安全规定。

1166. 对风电机组现场工作人员的资质与能力要求有哪些？（GB/T 35204—2017）

答：（1）机组现场工作人员应经过健康体检；对存在可能造成职业病的岗位作业人员应按照GBZ 188《职业健康监护技术规范》的要求进行职业健康检查；主要涉及的作业有：高处作业、电工作业，高原作业、高温、紫外线等。

（2）机组现场工作人员应没有GBZ 188中所述职业病、职业健康损害和职业禁忌症，有职业病禁忌症的人员不应从事相关作业。

（3）机组现场工作人员应具备必要的机械、电气、安装知识，应接受厂家关于机组的知识培训，熟悉机组的工作原理和基本结构，掌握判断一般故障的产生原因及处理方法，掌握监控系统的使用方法。

（4）机组现场工作人员应掌握坠落悬挂安全带、自锁器、安全绳、安全帽、防护服和工作鞋等个人防护设备的正确使用方法。应具备高处作业、高空逃生及高空救援相关知识和技能，应明确高空悬挂作业与高处作业设备设施安装检修维护作业的区别，特种作业应取得与作业内容相匹配的特种作业操作证。

（5）机组现场工作人员应熟悉工作潜在的危险、危险的后果及预防措施，通过急救、消防基础安全培训，具备触电、烧伤、烫伤、外伤、气体中毒、机组火灾、动物危害、极端天气等应急情况的处置技能，学会正确使用消防器材、安全工器具和检修工器具。

（6）机组现场工作人员进入现场前应经过现场区域负责单位的安全教育和培训，考试合格方可开展工作，临时用工人员还应被告知其作业现场和工作岗位存在的危险因素、防范措施及事故紧急处理措施后，方可参加指定的工作。

（7）机组工作人员应熟悉机组安全链控制系统，并掌握各个控制节点的作用与位置。

1167. 对风电机组作业的个体防护装备有哪些要求？（GB/T 35204—2017）

答：（1）进入机组作业的个体防护装备应包含：坠落悬挂安全带、坠落悬挂用安全绳、自锁器、限位工作绳、安全帽、头灯、工作服、防滑手套、符合作业环境工作鞋、对讲机。

（2）进入机组根据作业内容可选的个体防护装备：防冲击眼镜、防紫外线和强光的防护眼镜，防噪声耳塞或耳罩、防冻伤的防护用品（如棉手套、护腰、发热贴等）、护膝、防烟尘面罩。

（3）机组作业不限于上述个体防护装备应根据实际作业产生的危害因素性质及时配置相应的防护装备。

（4）安全工器具和个人安全防护装置应按照 GB 26859《电力安全工作规程　电力线路部分》规定的周期进行检查和测试，坠落悬挂安全带测试应按照 GB/T 6096《安全带测试方法》的规定执行；现场作业人员应正确使用个体防护装备并对防护装备进行检查与保管，防护装备应具备期望的功能，应符合国家或行业标准的规定。

1168. 风电机组作业现场的基本安全要求有哪些？（GB/T 35204—2017）

答：（1）前往现场的人员进入现场前应进行安全风险分析并落实预防措施，身体不适、情绪不稳定，不应进入现场作业。

（2）现场工作人员正确佩戴好安全防护用品，禁止使用破损及未经检验合格的安全工器具和个人防护用品。

（3）现场人员进入或离开机组现场应告知现场负责人，工作区内禁止无关人员滞留；外来人员经过现场安全培训，还应在现场工作人员陪同下方可进入工作现场。

（4）现场作业人员在工作时间与工作区域严禁嬉戏、打闹、饮酒、吸烟、使用违禁毒品或药品等不安全行为，在非现场区域饮酒后严禁再进入现场工作；并遵守机组现场所有标识规定与指示。

（5）应遵守当地牧场、林区等相关部门防火安全规定要求。不应在指定的工作区外使用明火。

（6）现场人员都应提供正确的住址、个人联系方式。

（7）雷雨天气不应安装、检修、维护和巡检机组，发生雷雨天气后 1 h 内禁止靠近机组；叶片有结冰现象且有掉落危险时，禁止人员靠近，塔架爬梯有冰雪覆盖时，应确定无高处落物风险并将覆盖的冰雪清除后方可攀爬。

（8）现场作业时，应保持可靠通信，随时保持各作业点、监控中心之间的联络，禁止人员在机组内单独作业；作业前应切断机组的远程控制或切换到就地控制；有人员在机舱内、塔架平台或塔架爬梯上时，禁止将机组启动并网运行。

（9）机组内作业需接引工作电源时，应装设满足要求的漏电保护器，工作前应检查电缆绝缘良好，漏电保护器动作可靠。

（10）严禁在机组现场焚烧任何废物或其他材料，现场任何废弃物应放置在适当的垃圾箱或所提供的容器内，在离开时带出机组。不准许存放在风机内部；并进行统一收集和处理。

1169. 对进入风电机组作业现场的车辆有哪些要求？（GB/T 35204—2017）

答：（1）现场车辆上应按照 GBZ 1《工业企业设计卫生标准》配置适当的急救箱与急救药品，并进行定期管理补充应急药品。

（2）现场车辆应在规定的范围内行驶。

（3）现场车辆燃料泄漏应马上清除并向现场负责人报告同时采取补救措施。

（4）现场车辆速度应遵循当地法规及条件的要求，机组现场速度不宜超过 30km/h。

（5）专用车辆的驾驶，如加宽或加高车辆，事先应得到现场负责人同意，了解最佳路线和可能的现场风险后再进入现场行驶。

（6）现场车辆应停靠在机组上风向并与塔架保持 20m 及以上的安全距离，当出现特殊风险，如叶片结冰时，应执行机组厂家建议的安全距离；驾驶人应考虑风力对车门的影响，车头与主风向成 90°，乘车人宜从背风向下车，驾驶人离开车辆应立即落实静止制动。

（7）现场车辆应停靠在相对平坦处，距离斜坡应大于 2m；在不满足安全停靠条件下应采取相应措施，如在车轮下加垫防滑块等防止车辆自滑。

1170. 风电机组安装的基本安全要求有哪些？（GB/T 35204—2017）

答：（1）机组安装起重作业应严格遵循 DL/T 5248《履带起重机安全操作规程》、DL/T 5250《汽车起重机安全操作规程》和 GB 26164.1《电业安全工作规程　第 1 部分：热力和机械》规定的要求。

（2）机组塔架、机舱、叶轮、叶片等部件吊装时，风速不应高于该机型安装技术手册的规定。未明确相关吊装风速的，10min内平均风速大于8m/s时，不宜进行叶片和叶轮吊装；10min内平均风速大于10m/s时，不宜进行塔架、机舱、轮毂、发电机等设备吊装工作。

（3）遇有大雾、雷雨天、照明不足、指挥人员看不清各工作地点或起重驾驶员看不见起重指挥人员等情况时，不应进行起重工作。

（4）吊装场地应满足作业需要，并应有足够的零部件存放场地；风电场道路应平整、通畅，所有桥涵、道路能够保证各种施工车辆安全通行。

（5）机组吊装施工现场应设置警示标牌，在吊装场地周围设立警戒线，非作业人员不应入内。在吊绳被拉紧时，不应用手接触起吊部位，禁止人员和车辆在起重作业半径内停留，当作业人员需要在吊物下方作业时，应采取防止吊物突然落下的措施；吊装作业过程需要高处作业时，应优先采取工程措施。

（6）吊装前应正确选择经检验合格的吊具，并确保起吊点无误；吊装物各部件保持完好，固定牢固。

（7）吊装作业区有带电设备时，起重设施和吊物、缆风绳等与带电体的最小安全距离不得小于GB 26860的规定，并应设专人监护。吊装时采用的临时缆绳应由非导电材料制成，并确保足够强度。

（8）机组电气设备的安装应符合GB 50303《建筑电气工程施工质量验收规范》的规定要求。

（9）施工现场临时用电应采取可靠的安全措施，并应符合JGJ 46《施工现场临时用电安全技术规范（附条文说明）》的要求。

（10）塔架安装之前应先完成机组基础验收，其接地电阻应满足技术要求。

（11）起吊塔架时，应保证塔架直立后下端处于水平位置，并至少有一根导向绳导向。

（12）塔架就位时，工作人员不应将身体部位伸出塔架之外。底部塔架安装完成后应立即与接地网进行连接，其他塔架安装就位后应立即连接引雷导线。

（13）进入机组安装面应注意尚未安装的平台盖板形成的孔洞，当心坠落，应及时标识并在安装盖板时采取防坠落措施。

（14）起吊机舱时，禁止人员随机舱一起起吊。

（15）机舱与塔架固定连接螺栓达到技术要求的紧固力矩后，方可松开吊钩、移除吊具。

（16）完成机舱安装，人员撤离现场时，应恢复顶部盖板并关闭机舱所有窗口。

（17）起吊叶轮和叶片时至少有两根导向绳，导向绳长度和强度应足够；应有足够人员拉紧导向绳，保证起吊方向。

（18）起吊变桨距机组叶轮时，轮毂上方的两只叶片应处于＋90°或－90°位置，并可靠锁定；竖直向下的叶片应处于－90°位置。

（19）叶片吊装前，应检查叶片引雷线连接良好，叶片各接闪器至根部引雷线阻值不大于该机组规定值。

（20）叶轮在地面组装完成未起吊前，应可靠固定。

（21）机组安装完成后，应将刹车系统松闸，使机组处于自由旋转状态。

（22）机组安装完成后，应测量和核实机组叶片根部至底部引雷通道阻值符合技术规定，并检查机组等电位连接无异常。

1171. 风电机组攀爬塔架与高处作业的基本安全要求有哪些？（GB/T 35204—2017）

答：（1）现场工作人员攀爬机组的爬梯前应详细做好风险分析，明确工作任务与分工，清点工具，应减少工作人员在高处的时间，遵守高处作业时间最短原则；落实预防措施，通过落实围栏，关闭孔洞盖板创建新的基准面，降低高处作业风险。

（2）现场人员攀爬塔架前，应确认符合气象条件；冬季或雨雪天气，应清除梯子上及脚底的冰雪后，方可进入塔架，爬塔架时应注意个人保暖与腰部防护，作业人员背部、腰部不宜紧靠冰冷部件。

（3）攀爬机组前，应将机组置于停机状态，禁止两人在同一段塔架内同时攀爬；上下攀爬机组时，通过塔架平台盖板后，应立即随手关闭平台盖板；随身携带工具人员应后上塔、先下塔；到达塔架顶部平台或工作位置，应先挂好安全绳，后解自锁器；在塔架爬梯上作业，应系好安全绳和定位绳，进行防坠落方案转换时要连接到梯子的安全锚点上，不应直接连在梯子的铝制爬梯的横杠（有螺纹杆的除外）上；安全绳的挂点不应低于作业人员的肩部，严禁低挂高用。

（4）作业人员在攀爬过程中应时刻保证双手双脚中的三个点与爬梯有实质性接触；作业人员处在高处时应优先选择工作定位与限位的安全用品，其次选择防坠落安全用具，并优先选择坠落距离短的防坠落安全用品同时应以作业人员自己的步速与体能攀爬梯子。

（5）高处作业时，使用的工器具和其他物品应放入专用工具袋中，不应随手携带；工作中所需零部件、工器具应传递，不应空中抛接；工器具使用完后应及时放回工具袋或箱中，工作结束后应清点。

（6）在机组中应备营救逃生缓降器；现场作业人员攀爬机组前应做好逃生与救援的准备。

（7）有物品或工具需要通过塔筒平台上的通道进行运输时，应将物品包装好，以免在运输的途中有坠落，物品通道下方禁止人员停留。

（8）现场工作人员使用塔筒升降机前应经过升降机厂家培训，当使用塔筒中的升降机时，应首先了解升降机的使用说明，确认升降机的额定载荷，以及升降机在使用过程中的注意事项，并严格按照电梯的使用说明来使用升降机；首次使用升降机的人员应在有经验的工作人员陪同下使用。

（9）当出现超速、风暴、雷雨、闪电等恶劣气候时应立即停止作业，并马上撤离。

（10）当作业人员需要到机组平台时，应先关闭平合盖板后再卸掉自锁器；当从机组平台向下攀爬时应先连接好自锁器再打开盖板。

（11）在机组启动前应确保工作人员已全部离开机舱并到达安全区域。

1172. 风电机组高处作业的基本要求有哪些？（NB/T 31052—2014）

答：一般规定：

（1）风电场应制定高处作业规章制度，保证高处作业的安全投入，提供安全的作业环境和坠落防护装备。

（2）风电场每季度至少进行一次坠落防护装备的专项检查，发现有缺陷的装备应立即退出使用，无法修复的应做破坏性处理。

（3）工作负责人应根据高处作业情况制定施工方案和安全防护措施，并确保落实。

（4）登高作业前，工作负责人应召开专项安全会，对高处作业进行分工布置，提示作业风险和安全注意事项，对坠落防护装备及佩戴情况进行检查。

（5）作业人员应了解高处作业风险，熟知作业程序和相关安全要求；遵守高处作业规章制度，执行高处作业工作计划；正确佩戴和使用坠落防护装备；发现安全隐患和危险，应立即报告工作负责人；有权拒绝违章指挥和强令冒险作业。

作业要求：

（1）进入工作现场必须戴安全帽，高处作业必须穿工作服，佩戴坠落防护装备，穿安全鞋，戴防护手套。登塔人员体重及负重之和不得超过 100kg。

（2）应对高处作业下方周围区域进行安全隔离，隔离范围应满足 GB/T 3608《高处作业分级》中规定的坠落防护距离要求，悬挂安全警示标志。风电机组进行高处作业时，严禁非工作人员靠近风电机组或在机组底部附近逗留。车辆应停泊在塔架上风向 20m 及以外的区域。

(3) 高处作业所用工具、材料应妥善摆放，保持通道畅通，易滑动、滚动的工具、材料应采取措施防止坠落伤人。

(4) 高处作业人员随身携带的物品及工具应妥善保管并做好防坠措施，上下运送的工具、材料、部件应装入工具袋使用绳索系送或吊机运送，严禁抛掷。

(5) 高处作业应尽可能避免上下垂直交叉作业。若必须进行垂直交叉作业时，应指定人员上下路线，采取可靠的隔离措施。

(6) 攀爬风电机组时，应将机组置于停机状态；严禁两名及以上作业人员在同一段塔架内同时攀爬；上下攀爬风电机组时，通过塔架平台盖板后，应立即随手关闭盖板；随身携带工具人员应后上塔、先下塔；到达塔架顶部平台或工作位置，应先挂好安全绳，后解自锁器；在塔架爬梯上作业，应系好安全绳。

(7) 使用风电机组吊机运送物品过程中，作业人员必须使用坠落防护装备。从塔架外部吊送时，必须使用缆风绳控制被吊物品。

(8) 在风电场涉及脚手架、梯子等高处作业时，应遵照 GB 26164.1 的有关规定执行。

(9) 在风电场架空线路的杆塔上工作时，应遵照 GB 26859 的有关规定。

(10) 在风电场变电站作业时，应遵照 GB 26860 的有关规定。

(11) 在风电场进行风电机组安装作业时，作业人员应按 DL/T 796有关规定执行。

(12) 风电场进行起重作业时，吊装现场的吊装机械、吊绳索、缆风绳等吊装设备和被吊物品应与输电线路保持安全距离，并满足 GB 6067.1《起重机械安全规程　第 1 部分：总则》的要求。

1173. 风电机组高处作业安全进行的作业条件有哪些？(NB/T 31052—2014)

答：(1) 从事高处作业的单位应安排新员工或转岗新员工接受上岗前安全培训，上岗初期应指派有经验的员工进行业务指导直至其能够独立操作。

（2）作业人员应经过高处作业安全技能、高处救援与逃生培训，并经考试合格，持证上岗。

（3）作业人员应经体检合格后方可上岗，患有心脏病、高血压、癫痫病、恐高症等疾病的人员不得从事高处作业。

（4）饮酒后或服用降低判断力和行动能力的药品期间，不得从事高处作业。身体不适、情绪不稳定，不得从事高处作业。

（5）当风速在18m/s及以上或雷电天气中，严禁高处作业。

（6）夜间进行高处作业应具备良好的照明器具，照明效果不佳时不应进行高处作业。

1174. 如何做好风电机组高处作业的安全防护？（NB/T 31052—2014）

答：（1）个人坠落防护装备在每次使用前应进行外观检查，严禁使用存在缺陷的坠落防护装备。

（2）坠落悬挂安全带、安全绳、自锁器等装备的选择、使用和检查应符合GB 6095中的要求。

（3）安全绳的挂点应选择作业人员上方尽可能高的位置，挂点与作业人员的水平距离应尽可能接近。

（4）安全绳挂点应选用结实牢固的构件或风电机组指定的挂点，挂点应能承担22kN的冲击力，严禁选用格栅、电线护管、仪表管线、电缆托盘、未妥善固定的移动部件等作为挂点。

（5）安全绳应避免接触边缘锋利的构件，严禁对安全绳进行接长使用。

（6）攀爬梯子应使用自锁器做防坠保护，上下爬梯时应双手扶梯，严禁手中持物上下爬梯。

（7）个人安全防护装备只能用于作业人员安全防护，不得用作其他用途。

（8）个人坠落防护装备在携带过程中，应单独存放，不应与工器具或风电机组零部件放在一起。

1175. 风电机组高处作业有哪些特殊作业？（NB/T 31052—2014）

答：特殊作业包括：强风高处作业、异温高处作业、雪天高处作业、雨天高处作业、悬空高处作业、抢救高处作业、机舱外作业、轮毂内作业、使用吊篮进行叶片和塔架维护作业等。

1176. 风电机组高处作业的特殊作业安全要求有哪些？（NB/T 31052—2014）

答：特殊作业安全应满足7.3.26条款的规定。对于作业技术难度较大、潜在后果严重的或非常规特殊高处作业，还应组织由技术、资深作业人员参加的工作安全分析会，识别作业危险，制订防范措施，并确定安全措施的负责人。

（1）机舱外作业。

1）在10.8m/s及以上的大风以及暴雨、大雾等恶劣天气中，不应在风电机组机舱外作业。

2）在机舱外等无安全防护设施的平台上，作业人员应使用双钩安全绳。

3）在机舱顶部作业时，应站在防滑表面；安全绳应挂在挂点或牢固构件上；使用机舱顶部防护栏作为安全绳挂点时，每个栏杆最多悬挂两根安全绳。

4）从机舱外部进入轮毂时，必须使用双钩安全绳。安全绳的挂点应分别挂在轮毂两侧的标杆上。

（2）轮毂内作业。

1）风速超过12m/s时，不得在轮毂内工作。

2）在轮毂内工作时必须用安全绳做防坠保护。整个工作过程中必须防止个人坠落防护装备卷入转动部件中。

（3）使用吊篮进行叶片和塔架维护作业。

1）吊篮的使用应符合GB/T 19155《高处作业吊篮》相关要求。

2）使用吊篮进行叶片和塔架维护高处作业，吊篮上的工作人员应配置独立于悬吊平台的安全绳及坠落防护装备，并始终将安全带系在安全绳上。

3）应尽可能减少吊篮中的作业人员数量，吊篮中作业人员数量不应超过核定人数。

4）严禁使用车辆作为缆绳支点和起吊动力器械；严禁用铲车、装载机、风电机组吊机等作为高处作业人员的运送设施。

5）使用吊篮作业时，应使用不少于两根缆风绳控制吊篮方向。

1177. 风电机组高处作业如何进行高处救援与逃生？（NB/T 31052—2014）

答：（1）当风电设备发生事故时，在确保人身安全前提下开展应急处理工作。

（2）风电场应根据现场实际情况编制高处救援、逃生等突发事件应急预案，并定期进行演练。

（3）高处救援预案应根据不同机型、不同作业区域情况进行编制。预案应包括救援机型、救援区域、救援所用的装备、装备挂点的选择、救援的实施步骤、被救人员后续处理等内容。

（4）机舱中没有高处救援、逃生装置时，应在工作人员进入机舱工作前准备好，随时备用。

（5）风电机组机舱发生火灾时，严禁通过塔架内升降机撤离，应首先考虑从塔架内爬梯撤离。当爬梯无法使用时，方可利用逃生缓降器从机舱外部进行撤离。使用逃生缓降器，要正确选择挂点，同时要防止绳索打结。

1178. 如何开展风电机组高处作业的安全教育与培训工作？（NB/T 31052—2014）

答：（1）风电场工作人员应熟练掌握坠落防护装备的检查和使用方法，掌握高处救援、高处逃生等操作技能。

（2）风电场应结合风电高处作业特点编制高处作业培训计划，对所有高处作业人员实施业务培训和安全教育。

（3）风电场高处作业人员培训内容应包括：相关安全法规、

管理制度、作业标准、风险识别与控制、坠落防护装备的使用与应急措施、高处救援、高处逃生、事故案例分析等。

（4）高处作业人员连续一年未从事高处作业，应重新接受培训。

（5）颁布新的作业标准或管理制度后，应及时对作业人员进行宣贯培训。

1179. 禁止开展风电机组相关工作的气象条件有哪些？（GB/T 35204—2017）

答：（1）雷雨天气严禁作业人员靠近或进入机组。

（2）10min内平均风速大于15m/s严禁向上攀爬机组，风速超过18m/s时，不应在机舱内工作。

（3）10min内平均风速大于12m/s禁止打开机舱盖出机舱工作或在轮毂内作业；10min内平均风速大于14m/s时，应关闭机舱盖。

（4）机组厂家关于进入机组工作的气象条件若严于上述规定的要求，作业人员应执行机组厂家的规定。

1180. 使用助力器攀爬风电机组的基本安全要求有哪些？（GB/T 35204—2017）

答：（1）使用助力器攀爬上机组的过程中应时刻挂好自锁器，禁止将助力器的D型环当防坠落器使用。

（2）作业人员从机组高处撤离时，禁止使用助力器。

（3）作业人员在使用机组爬梯助力器前，应详细阅读机组爬梯助力器的使用说明与安全注意事项。

1181. 使用升降机的基本安全要求有哪些？（GB/T 35204—2017）

答：（1）机组内发生冰冻情况时，禁止使用升降机。

（2）作业人员在使用升降机前，应详细阅读机组升降机的使用说明与安全注意事项。

1182. 机舱内作业的基本安全要求有哪些？（GB/T 35204—2017）

答：（1）当攀爬爬梯进入顶端塔筒平台时，应将安全绳挂于爬梯侧壁并将塔筒平台盖板关闭，摘取个人防坠落装备；作业人员当心头部避免磕碰上方的偏航制动装置。

（2）打开机舱平台盖板，进入机舱内平台后应立即关闭机舱平台盖板。

（3）提升机舱门打开前，工作人员应先将安全绳挂在安全挂点上，做好防跌落的措施。

（4）当机舱转动时，偏航小齿轮与偏航齿圈啮合，禁止在偏航齿轮附近逗留，以免被偏航小齿夹伤。

（5）禁止站在机舱爬梯和塔架顶部爬梯之间，以免偏航时被夹伤。

（6）禁止接触运行的偏航刹车系统，以免被偏航刹车夹伤。

（7）禁止未经过培训的作业人员操作发电机转子锁定（或叶轮锁定）；严禁作业人员的任何部位伸入发电机人孔舱门内（或轮毂内），当心发电机转子（或叶轮）旋转产生的机械伤害。

（8）工作人员进入机组轮毂前应确认叶片处于顺桨状态，工作人员进入轮毂前应进行叶轮机械锁定，方可进入轮毂，在轮毂内工作中远离运动中的变桨传动机构，防止机械伤害。

（9）维护旋转部件时应将可能的旋转部件锁定。

（10）机组高速轴和叶轮机械刹车系统防护罩未进行防护时，严禁启动机组。

1183. 机舱提升机的基本安全操作要求有哪些？（GB/T 35204—2017）

答：（1）提升机使用前若有雷雨迹象时应立即从机舱撤离机组并严禁使用提升机作业。

（2）遇到大雾、沙尘造成可见度低，或 10min 内平均风速大于 10m/s 时严禁使用提升机作业。

(3) 严禁饮酒或服用精神类药品人员进入现场作业和操作提升机。

(4) 提升机操作人员应熟知现场工作流程，知晓该工作的危险源和应急处置方法。

(5) 操作人员打开提升机下方的吊物孔盖板前，应穿戴好个人防坠落用品，挂好安全绳。

(6) 操作人员应熟知提升机操作注意事项及提升机上的警示标识信息。

(7) 使用机组提升机从塔架底部运送物件到机舱时，应使吊链和起吊物件与周围带电设备保持足够的安全距离，应将机舱偏航至与带电设备最大安全距离后方可进行提升机作业。

(8) 检查提升机链条，严禁链条打结使用。

(9) 提升机接通电源后，点动操作手柄按钮测试提升机上下方向是否正确。

(10) 应将提升机围栏固定好，严禁不使用提升围栏进行提升作业，吊物孔盖板未盖好严禁将吊物脱钩，避免吊物坠落伤人。

(11) 打开机舱吊物孔门，应将安全绳挂在可靠位置。

(12) 保持上下通信畅通。

(13) 使用对讲机复核吊物绑扎是否牢固，载荷是否超过要求，风绳是否系牢后方可试吊、起吊。

(14) 拉风绳的人员应注意提升过程中风向的变化与吊物的状态，应站立在提升物的侧方上风向方位，提升机链条应背离集电线路。

(15) 提升过程中，操作提升机人员应时刻关注链条导向，注意链条不要夹杂铁丝、碎石块等异物，导致损坏提升机。

(16) 提升物品到达机舱或抵达地面，及时通信提醒对方注意操作。

(17) 使用提升机完毕，应及时关闭机舱吊物孔门与提升机电源，锁紧吊车吊轨锁紧螺钉，防止吊车在风机运行时在吊轨上滑动。

(18) 操作人员使用提升机时，严禁人员离开，操作人员严禁碰触运行的链条。

1184. 在机舱顶上工作的基本安全要求有哪些？（GB/T 35204—2017）

答：（1）工作人员通过机舱门上的台阶，攀爬至机舱顶部天窗正下方。注意机舱顶部高度，防止碰伤头部。

（2）在出机舱前应充分辨识风险，并落实防护措施，做好人员、设备（工具）防坠落的措施。

（3）将固定把手解锁，向上推起，完全打开机舱顶部舱门时，作业人员应避免身体全部出机舱，出机舱前应将两条安全绳挂在机舱顶部的安全挂点（水平生命线）或牢固构件上，使用机舱顶部的安全挂点（水平生命线）作为安全绳挂钩定位点时，每个安全挂点（每段水平生命线）最多悬挂两个挂钩；在机舱顶部至少使用两根安全绳，确保在机舱顶部时任何时候至少有一根安全绳固定在安全挂点，严禁同时取下安全绳的两个挂钩。

（4）在机舱顶上行走时，应在安全区域内中间位置行走；应尽量保持低重心原则。

（5）在机舱顶部工作应将工具与物资放置到工具包中，并确保其在作业过程中与作业人员相连接，严禁工具与物品掉落。

（6）离开机舱顶部时应确保工作人员身体进入到机舱后方可解除安全绳社钩，并确保离开机舱关闭天窗时，机舱顶上没有滞留的工作人员和工具物料。

1185. 在轮毂里工作的基本安全要求有哪些？（GB/T 35204—2017）

答：（1）进入轮毂或在叶轮上工作前应将叶轮进行机械锁定，锁定叶轮时风速不应高于机组设计的最高允许维护风速，并使其中一只叶片指向地面并沿塔筒方向（“Y”位置）锁定销应符合GB/T 19670《机械安全防止意外启动》的相关规定挂牌上锁。未进行叶轮锁定，严禁进入轮毂内作业。

（2）叶轮锁定应由经过专门培训的人员进行操作，进行叶轮锁定与松开前应检查各个关键部件，防止漏油造成操作人员的伤害和环境影响。

（3）吊装阶段，应在吊装结束后松开叶轮锁定。松开叶轮锁定前确保叶轮内部无遗留弃物且三个桨叶处于顺桨状态。

（4）进入轮毂作业时应确保叶轮锁定销在完全锁定状态；严禁未完全锁定就进入轮毂作业。

（5）进入轮毂作业人员应确保有足够的照明，应确认叶片盖板是否安全，当心踏空坠落到叶片中。

（6）进入叶轮作业同时机舱内应留有一名工作人员，与轮毂内工作人员保持联系，以防出现紧急事故，进行紧急处理。

（7）更换叶片传动系统、变桨电机、变桨减速器时应进行变桨锁定，变桨锁定风速不应高于机组设计的最高允许风速进行变桨锁定，轮毂作业应远离旋转面。

（8）轮毂工作完毕后应清理轮毂内部，保持内部整洁，确保轮毂内的各个变桨控制柜柜门、叶片盖板均处于关闭状态；禁止在轮毂内滞留应立即离开轮毂，关闭安全门，确保轮毂内无滞留工作人员。

（9）在轮殺中进行作业时，要防止绳索等接触到转动部件上。

1186. 风电机组液压作业的基本安全要求有哪些？（GB/T 35204—2017）

答：（1）液压系统维护作业应佩戴防护服、佩戴防冲击化学眼镜、化学防护手套和防护口罩；应避免吸入液压油雾气或蒸汽。

（2）对液压系统维护作业前，应将机组停机；应排除液压系统压力；严禁对带有压力的液压系统进行维护作业。拆除制动装置应先切断液压、机械与电气连接，安装制动装置应最后连接液压、机械与电气装置。

（3）作业期间，任何人员不得站在液压系统能量意外释放的范围内，以免碎屑和液体喷出，造成损伤。

（4）液压系统电源切断后应用挂锁锁住；以免液压系统被意外地重新打开。

（5）在拆卸液压变桨系统的零件前应将叶片锁定，并且使用泄压阀排空所有液压系统中的压力，使用压力表查看系统中是否还有压力；确定系统内压力彻底释放后才能开始工作。

（6）应及时清理泄露的液压油，应按环保法规要求处理液压油。

1187. 风电机组外部的作业要求有哪些？（GB/T 35204—2017）

答：（1）机组外部作业应进行安全风险分析，对可能造成的危险进行识别，做好防范措施。

（2）高处悬挂作业人员应取得高处悬挂作业的资质证书，具备安全作业技能，逃生与救援技能。

（3）高处悬挂作业人员应能正确熟练地使用安全带、安全绳、自锁器等安全用具。工作绳与安全绳应独立挂在不同的安全锚点上，使用时安全绳应基本保持垂直于地，自锁器的挂点应高于作业人员肩部。无特殊安全措施，禁止两人同时使用一条安全绳。

（4）遇有雷雨、大雨（暴雨）、浓雾等恶劣天气，禁止塔外高处作业；如已开工作业，应立即停止全部工作，及时撤离作业现场。

（5）严禁在同一垂直方向上下同时作业。在距离高压线 10m 区域内无特殊安全防护措施时禁止作业。

（6）悬挂作业设备及电器、机械安全附件、安全装置、安全绳和安全带等特种劳动防护用品应为合格产品，吊篮、挑梁（支撑件）应经过严格的可靠性设计计算和各项验算，符合规定的技术条件和设计要求。悬挂设备应逐台建立产品及使用、检验、维修、保养档案。

（7）检修维护时使用吊篮，应符合 GB/T 19155 的技术要求；工作温度低于零下 20℃时禁止使用吊篮作业，当工作处 10min 内平均风速大于 8m/s（5 级风）时不应进行塔外作业。

（8）作业前应检查升降机或带有升降装置的吊车以及吊篮的安全状态。

（9）高处悬挂作业所使用工具、器材、电缆等应有可靠的防坠措施。

（10）工作人员之间的交流应制定清晰的规则（可以包括手势和对讲机/电话联系）。

（11）高处悬挂作业现场区域应保证四周环境的安全，其作业下方应设置警戒线，并有人看守，在醒目处应设置“禁止入内”“当心落物”的标志牌。

（12）禁止夜间塔外高处作业，禁止在任何照明不足的情况下进行作业。

1188. 简述风电机组高处作业个人防坠落挂点的要求。（GB/T 35204—2017）

答：（1）在机组不同位置设有个人防坠落的安全挂点；个人防坠落的安全挂点应被标黄或标识指示；严禁使用未经核准的位置作为防坠装置的安全挂点。

（2）严禁将用于个人防坠装置的挂点用作起吊点。

（3）使用安全挂点前应检查该挂点是否可靠。

1189. 风电机组消防的一般安全要求有哪些？（GB/T 35204—2017）

答：（1）现场工作人员开始任何工作之前，应先对工作环境进行评估，注意火灾发生的可能性、消防装备的位置以及发生火灾后的安全撤离路线，遵守现场有关动火作业的规定。

（2）所有消防设备应到位，以便在需要时可以轻松找到并使用；消防设备应按计划定期检查和维护。

（3）严禁将运行中内燃机动力设备放置在机组内。在放置内燃机动力设备（如便携式发电机）时，应使其尾气远离任何可燃材料；严禁将车辆停放在干草或杂草堆上。

（4）现场防火区域应包括机组内部、变压器及其他与机组有关的构筑物及现场建筑物、办公室、库房和休息区；严禁在机组内吸烟，取暖生火。

（5）在机组内部作业时，应将油污棉丝等易燃物存放在危险废弃物容器中，并在离开机组时带出机组，将产生的废弃物品应统一收集和处理。对于机舱内部泄漏的齿轮油、液压油等应及时清理，以减少火险隐患，同时防止作业者鞋上沾上油品发生其他伤害。

（6）定期检查电器、电缆、电源主回路电缆端子的联接质量，以防电源回路虚接而引发的电气火灾。

（7）定期检测防雷接地系统，防止因雷电引发的火灾。

（8）只有具备相应资质的焊工才能从事焊接（动火作业），应要事先获得许可，执行动火审批程序。

（9）执行动火作业之前，应检查设备的状况；应穿戴适用于焊接作业的个人防护用品（PPE）。

（10）焊接区域应具有良好的通风条件；在具有可燃或易燃物质的区域中执行焊接、磨削作业和气割作业，应派专人监护，配备适当的灭火器材，并将可燃物质移走或严格防范火花。作业结束后清理现场，消除火源。

（11）在户外焊接时，应时刻注意风向、干草、燃料罐、林区等。

1190. 人工搬运与负载的基本安全要求有哪些？（GB/T 35204—2017）

答：（1）机组工作人员搬运重物时应检查核实重物的重量、体积与重心，制定搬运方案，应优先采用搬运工具进行搬运，单人徒手搬运的重量不应大于30kg。

（2）搬运重物前，应清除搬运路线上的障碍物。

（3）搬运重物前，应佩戴防护手套、穿防护鞋等；检查重物上有尖锐棱角、锋利边缘、毛刺、钉子后应采取防护消除隐患再搬运或采用工具搬运。

（4）搬运时手掌应紧握重物，靠近重物，将身体蹲下，用伸直双腿的力量不应用背脊的力量，缓慢平稳地将重物搬起，严禁突然猛举或扭转躯干。

（5）当传送重物时，应移动双脚到达目的地；需要同时提起和传递重物时，应使作业人员的脚指向欲搬往的方向，然后再搬运。

（6）搬运重物需要调整与矫正手掌的位置时，不宜一下将重物提至腰以上的高度；应先放置在半腰高的适当地方，调整好再搬运。

（7）搬运重物时，重物的高度不应影响搬运人员的视线，当心工作台、斜坡、楼梯及易滑倒、空间狭小的地方，搬运重物经过门口时应确保门的宽度，当心夹手。

（8）当超过两人搬运时应由一人指挥，统一口令与动作同时提起及放下重物。

（9）当使用搬运工具搬运重物时遇到坡道，上坡时作业人员应在工具前方或侧方，下坡时应在搬运工具的后方或侧方。

1191. 手持电动工具的基本安全操作要求有哪些？（GB/T 35204—2017）

答：（1）机组工作人员使用手持电动工具应符合 GB/T 3787《手持式电动工具的管理、使用、检查和维修安全技术规程》的相关规定。

（2）应佩戴好保护眼镜，穿戴好工作服，首饰或留长发不应影响作业，严禁戴手套及袖口不扣。

（3）作业前应检查工具外壳、手柄开关、电源导线、机械防护装置的安全状态，安装是否牢固，确认无误后空转，试运转正常后，方可使用。

（4）机具启动后，先空载运行，检查并确认机具联动灵活无阻时再作业；作业时，加力应平稳，不得用力过猛。

（5）严禁超载使用，作业时要随时注意声响及温升，发现异常应立即停机检查；在作业时间长，机具温升超过 60℃时，应停机，待自然冷却后再作业。作业时，严禁用手触摸刃具、钻头和砂轮，发现其有磨钝、破损情况时，应立即修整或更换，正常后再继续作业。

（6）机具转动时，不得同时做其他事情，更不得撒手不管。

(7) 出现意外停机时，应立即关断手持电动工具上的开关，特别是角磨机，防止因没关断开关时突然运转而造成的伤害。

(8) 使用角磨机时，砂轮片与工件面保持15°～30°的倾斜位置；切削作业时，不得过于用力使砂轮片弯曲和变形。

(9) 一般场所应选用二类手持工电动工具并应装设额定动作电流小于15mA，额定动作时间小于0.1s的漏电保护器；若采用一类手持式电动工具，还应作接零保护，操作人员应穿戴好绝缘手套、绝缘鞋或站在绝缘垫上。

(10) 严禁使用有残缺的砂轮片，切割时应采用隔热材料围护措施，防止火星四溅，防止溅到他人，并远离易燃易爆物品。

(11) 出现有不正常声音，或过大振动或漏电，应立刻停止检查；维修或更换配件前应先切断电源并等锯片完全停止；停电、休息或离开工作场地时，应立即切断电源。

(12) 使用电动工具如在潮湿地方工作时，应站在绝缘垫或干燥的木板上进行；登高或在防爆等危险区域内使用应做好安全防护措施。

1192. 液压工具（扳手）安全指南有哪些？（GB/T 35204—2017）

答：(1) 在使用、检查及维修扳手时，检查其状态良好，在操作设备时，操作者应戴安全眼镜、手套、护耳和安全帽，穿安全鞋以及采取其他保护措施。

(2) 严禁使用损坏、老化的高压油管、套筒等配件；用高压油管连接液压扳手和液压泵时，要保证公母快速接头连接到位，并确保锁固环锁固到位。

(3) 调整反作用力臂或反作用面，应确保扳手驱动轴线与螺栓轴线不产生倾斜。

(4) 严禁弯折高压油管，防止油管中形成后备压力，导致油管寿命降低，且扳手产生的扭矩无法达到设定的值。

(5) 严禁用小型扳手来代替大型扳手的工作，不应利用高压油管及快速接头移动或携带扳手。

（6）在工作中操作者要保持身体稳定、平衡；不应在不稳定的状态下使用动力设备。

（7）选择好作用点，确定反作用力臂安装可靠，系统加压后，扳手跳动或颤抖，应停机再次调整反作用力臂。

（8）两人协同操作液压扳手时应确定作业人员的任何部位远离正在工作的液压扳手的反作用力臂，避免发生夹伤。

（9）使用电动液压泵时，确保电源与电机铭牌上的要求一致；所用电源应有接地设置；严禁在易发生爆炸或有导电空气的环境下使用电动液压泵。

（10）上述活动过程产生的环境因素，如溢出的油品、产生的废大布等按环境相关法规处理，不得随意抛洒。

1193. 风电机组基础环内积水的处理原则是什么？（GB/T 35204—2017）

答：（1）发现机组基础环内有积水，严禁在该基础平台上继续作业；应立即确定塔筒下部平台下方的所有电缆的良好工作状况和绝缘性。

（2）当水位较高已接触到电源或电控柜，或虽未直接接触但设备与水之间的距离不能保证安全，应停止机组内的工作。

（3）基础环内有积水，应立即将基础环内积水清除。

1194. 风电机组在风速过大时的安全要求有哪些？（GB/T 35204—2017）

答：（1）严禁在风速过大（平均值阵风速度 20m/s）时在机组周围避风，应立即撤离到安全区域。

（2）机组一旦发生过速飞车，机组周围 1000m 范围内的人员应撤离到上风向安全区域，并设立警戒线，安排专人守护道口，防止无关人员进入危险区域。

（3）风场工作人员应注意查看台风预报以便及时采取措施，蓝色和黄色警报时，应停止高空作业等室外危险作业，切断危险的室外电源，加固或者拆除易被风吹动的搭建物，检查准备常用药品、食物、饮用水、雨具、手电筒、应急灯、沙袋，做好防水防潮；橙色和红色警报时，当台风中心经过时风力会减小或者静止一段时间，强风将会突然吹袭，应当继续留在安全处避风，严禁随意外出。

（4）机组应对台风的安全措施如下：

1）在台风来临之前，应对机组的偏航系统、变桨系统、中央监控系统、机组 UPS、机组中控远程与就地控制、机组通信、机组风速传感器等方面进行检查与测试，应禁止机组叶轮锁定，禁止机组运行。

2）在台风发生阶段，应确保机组正常停机，机组安全链正常，机组自动对风与偏航回路正常，全场机组处于待电状态；时刻监控中控数据与风向变化情况。

3）台风过后，严禁远程启动机组；应全面对机组、线路进行检查与诊断，并核实在台风过后 5h 且现场平均风速小于机组切出风速时，方可就地启动机组，同时进行机组运行数据监控。

1195. 风电机组叶片结冰的安全要求有哪些？（GB/T 35204—2017）

答：（1）当叶片结冰，在风力发电机组外有冰块掉落的危险，应远离叶轮旋转面，严禁在危险区域滞留。

（2）危险区域的半径取决于掉落物体的高度；坠落物体的危险区域半径应不小于掉落物高度 h 与 3 倍叶轮直径的和。

（3）手动启动机组前叶轮上应无结冰、积雪现象；停运叶片结冰的机组，应采用远程停机方式。

1196. 进入高海拔地区工作前需要做哪些准备？（GB/T 35204—2017）

答：（1）工作人员进入高海拔地区前应充分辨识高海拔地区的主要有害因素，如高原环境性低氧、高寒、强紫外线辐射、干燥和大风等。

（2）工作人员进入高海拔地区前，应充分学习安全、纪律、民俗、宗教、环保、高原反应知识、生活注意事项；重点掌握高原适应、高山病等相关方面的知识。

(3) 工作人员进入高海拔地区前，应避免过于劳累，禁止烟酒，防止上呼吸道感染。

(4) 首次进入高海拔地区的人员，应进行严格的体格检查；一般来说，凡有明显心、肺、脑、肝、肾、镰状细胞病、神经系统疾病、糖尿病等，严重贫血、高血压病、免疫系统紊乱者与视网膜疾病患者，以及孕妇，均不宜进入高海拔地区；对于正患上呼吸道感染并发烧，体温在 38℃以上，或者虽在 38℃以下，但呼吸道及全身症状明显者，应暂缓进入高原；对于年龄过大且身体状况不佳的工作人员也同样不适合到高海拔。

(5) 工作人员进入高海拔地区前应准备必要的高原物资，如高原药品、氧气袋、防寒衣物、护目镜（防风、防强光）等。

1197. 进入高原后的安全要求有哪些？(GB/T 35204—2017)

答：(1) 工作人员可以根据自身身体状况循序渐进的保持运动，如开始时一周慢走，然后快速行走，然后开始适量慢跑、登山等。

(2) 在高海拔风电场开展强体力工作（如攀爬塔架）前，应确认作业人员的体能情况；当进入现场工作尤其是在机舱、轮毂工作时应随身携带氧气袋、高原药物。

(3) 进入高原作业，经一段时间（如 3 个月）高原低氧性反应如头痛、眩晕、心慌、气短、恶心、腹泻和精神不振等无明显好转，应立即返回平原或较低海拔地区。

1198. 撤回到低海拔地区的注意事项有哪些？(GB/T 35204—2017)

答：(1) 当从高海拔回到平原后，宜注意休息，恢复状态和体能；注意饮食，多吃抗氧化食物，多食用蔬菜和维生素，少饮酒；多饮水，每日饮 2L～3L 左右。

(2) 不宜从事长途驾驶、高空作业等特殊工作。

1199. 风电机组如何启动应急响应？（GB/T 35204—2017）

答：（1）参与机组工作的单位应根据工作内容与风险类别建立相应的应急预案，预案的类别应包括触电、高空坠落、火灾、中毒、中暑、交通事故、大型机械设备倒塌、物体打击、地震、台风、低温、淹溺、高原反应、爆恐等；应急预案的建立应符合GB/T 29639《生产经营单位生产安全事故应急预案编制原则》与AQ/T 9007《生产安全事故应急演练指南》的相关规定。

（2）现场工作人员应掌握现场应急响应程序。

1200. 风电场应急处置的原则是什么？（GB/T 35204—2017）

答：（1）发生事故时，应立即启动相应的应急响应，并按照国家事故报告有关要求如实上报事故情况，事故的应急处理应坚持“以人为本”的原则。

（2）事故应急处理可不开工作票，但是事故后续处置工作应补办工作票，及时将事故发生经过和处理情况进行如实记录。

1201. 特定情况下如何从风电机组安全撤离？（GB/T 35204—2017）

答：（1）需要从机组应急逃生口应用逃生设备逃生时，应确认机组应急逃生口处于背离集电线路的方位。

（2）机组的塔底与机舱应设置机组逃生路线图并张贴在显著位置，机组设计了正常逃生路线与应急逃生路线，当发生需要从机组上撤离的情况时，作业人员应优先选择从塔筒内爬梯撤离与逃生，若因火灾等因素无法从塔筒爬梯逃生，按应急逃生路线逃生。

1202. 工作人员被困升降机后如何安全撤离？（GB/T 35204—2017）

答：（1）机组塔筒中安装有上下塔筒的升降机，工作人员在乘坐电梯之前应经过升降机厂家的培训或者有经过培训的工作人员带领方能乘坐电梯，在乘坐升降机之前要详细了解升降机的使用说明，确认升降机的额定载荷，以及升降机在使用过程中的其他注意事项。

（2）当发生紧急情况时，工作人员应掌握从升降机安全撤离的步骤与方法。

1203. 如何营救被悬吊的工作人员？（GB/T 35204—2017）

答：（1）现场工作人员发现有被悬吊的工作人员，应先评估现场，确保环境安全；拨打救援电话寻求专业救援人员帮助。

（2）营救人员应通过高处作业逃生救援专业培训资质单位培训，并具备高处营救资质与能力，营救人员在开展高处营救前应评估自己的救援资质与救援能力，核准救援设备物资，出具救援方案；救援方案应具有可实施性。

（3）营救人员应遵守高处作业的安全要求，营救人员与被救者始终保持安全连接，当心高处坠落。

（4）若被悬吊人员失去意识，应始终尝试将被救人员唤醒；营救过程发现被救者有其他伤害，应遵守“先救命，后治伤”先对被救护人员提供相应救护。

第四节　线　路　作　业

1204. 如何对同杆塔架设的多层电力线路验电？

答：（1）先验低压、后验高压。

（2）先验下层、后验上层。

（3）先验近侧、后验远侧。

1205. 如何对同杆塔架设的多层电力线路挂、拆地线？

答：（1）装设时应先挂低压、后挂高压，先挂下层、后挂上层。

（2）拆除时应先拆高压、后拆低压，先拆上层、后拆下层。

1206. 如何防止在同杆塔架设多回线路中误登有电线路？

答：（1）每基杆塔应设识别标记（色标、判别标志等）和双重名称。

（2）工作前，应发给作业人员相对应线路的识别标记。

（3）核对停电检修线路的识别标记和双重名称无误，验明线路确已停电并挂好接地线。

（4）登杆塔和在杆塔上工作时，每基杆塔都应设专人监护。

1207. 登杆塔前应注意什么？

答：（1）先检查登高工具和设施，如脚扣、升降板、安全带、梯子和脚钉、爬梯、防坠装置等是否完整、牢靠。

（2）禁止携带器材登杆或在杆塔上移位。

（3）严禁利用绳索、拉线上下杆塔或顺杆下滑。

1208. 安全带使用前如何检查？

答：（1）腰带和保险带、绳应有足够的机械强度，材质应有耐磨性。

（2）卡环（钩）应具有保险装置，操作应灵活。

（3）保险带、绳的使用长度在3m以上的应加缓冲器。

1209. 杆塔上作业对天气有什么要求？

答：（1）杆塔上作业应在天气良好的情况下进行，在工作中遇有6级以上大风及雷暴雨、冰雹、大雾、沙尘暴等恶劣天气时，应停止工作。

（2）特殊情况下，确需在恶劣天气进行抢修时，应组织人员充分讨论必要的安全措施，经本单位主管生产的领导（总工程师）批准后方可进行。

1210. 巡视中有什么安全要求？

答：（1）在巡视线路时，若无人监护，一律不准登杆巡视。

（2）夜间巡视时，应有照明工具，巡线员应在线路两侧行走，以防触及断落的导线。

（3）巡线中遇有大风时，巡线员应在上风侧沿线行走，不得在线路的下风侧行走，以防断线倒杆危及巡线员的安全。

(4) 发现导线或避雷线掉落地面时，应设法防止居民、行人靠近断线场所。

(5) 在巡视中，当发现线路附近修建有危及线路安全的工程设施时，应立即制止。

(6) 巡线中遇有雷电或远方雷声时，应远离线路或停止巡视，以保证巡线员的人身安全。

1211. 在紧线施工中，对工作人员的要求有哪些?

答: (1) 不得在架空线下方停留。

(2) 被牵引离地的架空线不得横跨。

(3) 展放余线时，护线人员不得站在线圈内或线弯内侧。

(4) 在未取得指挥员同意之前不得离开岗位。

1212. 在杆塔上工作应采取哪些安全措施?

答: (1) 在杆塔上工作，必须使用安全带并佩戴安全帽。

(2) 安全带应系在电杆及牢固的构件上，应防止安全带从杆顶脱出或被锋利物伤害。

(3) 系安全带后，必须检查扣环是否扣牢。

(4) 在杆塔上作业转位时，不得失去安全带的保护。

(5) 杆塔上有人工作时，不准调整拉线或拆除拉线。

1213. 砍剪树木时有哪些注意事项?

答: (1) 应防止马蜂等昆虫或动物伤人。

(2) 上树时，应使用安全带，不应攀抓脆弱和枯死的树枝。

(3) 安全带不得系在待砍剪树枝的断口附近或以上。

(4) 不应攀登已经锯过或砍过的未断树木。

第五节 紧 急 救 护

1214. 紧急救护的基本原则是什么?

答: (1) 在现场采取积极措施保护伤员生命。

（2）减轻伤情，减少痛苦。

（3）根据伤情需要，迅速联系医疗部门救治。

1215. 抢救原则是什么？

答：（1）先抢后救，先重后轻，先急后缓，先近后远。

（2）先止血后包扎，再固定后移动。

（3）先救命，后治伤。

1216. 如何进行触电急救？

答：（1）迅速切断电源。发生触电事故后立即断开电源开关或用干木棍等绝缘物体将电线挑开，使触电者及时脱离电源。

（2）妥善安置触电病人。将脱离电源后的病人迅速移至通风干燥处，使其仰卧，并将上衣扣与裤带放松，排除妨碍呼吸的因素。

（3）视病人情况用心肺复苏法进行抢救，在专业救援人员到达前不能停止救护。

1217. 对遭遇雷击的伤者如何进行急救？

答：如果触电者昏迷，先将其安置成卧式，使其保持温暖、舒适，然后立即施行触电急救、人工呼吸。

（1）进行口对口人工呼吸。雷击后，进行人工呼吸的时间越早，对伤者的身体恢复越好，因为人脑缺氧时间超过十几分钟就会有致命危险。如果能在4min内以心肺复苏法进行抢救，让心脏恢复跳动，可能还来得及救活。

（2）对伤者进行心脏按摩，并迅速通知医院进行抢救处理。如果遇到一群人被闪电击中，相对于会发出呻吟的人，应先抢救那些已无法发出声息的人。

（3）如果伤者衣服着火，马上让他躺下，使火焰不致烧及面部。不然，伤者可能死于缺氧或烧伤，可往伤者身上泼水，或者用厚外衣、毯子等把伤者裹住以扑灭火焰。伤者切勿因惊慌而奔跑，可在地上翻滚或趴在有水的洼地、池中熄灭火焰。用冷水冷却伤处，然后盖上敷料，如用折好的手帕清洁的一面盖在伤口上，再用干净布块包扎。

1218. 伤口渗血时如何处理？

答：用较伤口稍大的消毒纱布数层覆盖伤口，然后进行包扎。若包扎后仍有较多渗血，可再加绷带适当加压止血。

1219. 伤口血液大量涌出或喷射状出血时如何处理？

答：（1）立即用清洁手指压迫出血点上方（近心端），使血流中断，并将出血肢体抬高或举高，以减少出血量。

（2）先用柔软布片或伤员的衣袖等数层垫在止血带下面，再扎紧止血带，以刚好使肢端动脉搏动消失为宜，不要在上臂 1/3 处和窝下使用止血带，以免损伤神经。严禁将电线、铁丝、细绳等作为止血带。

（3）上肢每 60min、下肢每 80min 放松一次，每次放松 1～2min，若放松时观察已无大出血，可暂停使用止血带，累计扎紧时间不宜超过 4h。每次扎紧与放松的时间均应书面标明在止血带旁。

1220. 肢体骨折时如何急救？

答：（1）肢体骨折可用夹板或木棍、竹竿等将断骨上、下方两个关节固定，也可利用伤员身体进行固定，避免骨折部位移动。

（2）开放性骨折，伴有大出血者，先止血，再固定，并用干净布片覆盖伤口，然后速送医院救治。

（3）切勿将外露的断骨推回伤口内。

1221. 颈椎损伤如何急救？

答：（1）应在使伤员平卧后，用沙袋、土袋（或其他代替物）放置头部两侧，使颈部固定不动。

（2）必须进行口对口呼吸时，只能采用抬颏使气道通畅，不能再将头部后仰移动或转动头部，以免引起损伤加重。

1222. 腰椎骨折如何急救?

答:(1)腰椎骨折应将伤员平卧在平硬木板上,并将腰椎躯干及两侧下肢一同进行固定预防瘫痪。

(2)搬动时,应数人合作,保持平稳,不能扭曲。

1223. 烧伤如何急救?

答:(1)电灼伤、火焰烧伤或水烫伤均应保持伤口清洁,伤员的衣服鞋袜用剪刀剪开后除去,伤口全部用清洁布片覆盖,防止污染。

(2)四肢烧伤时,伤口先用清洁冷水冲洗,然后用清洁布片或消毒纱布覆盖,速将伤者送医院救治。

(3)未经医务人员同意,灼伤部位不宜敷搽任何东西或药物,送医院途中,可给伤员多次少量口服糖盐水。

1224. 冻伤如何急救?

答:(1)肌肉僵直,严重者深及骨骼的,在救护搬运过程中动作要轻柔,不要强行使其肢体弯曲活动,以免加重损伤,应使用担架,将伤员平卧并抬至温暖室内救治。

(2)将伤员身上潮湿的衣服剪去后用干燥柔软的衣服覆盖,不得烤火或搓雪。

(3)全身冻伤者,呼吸和心跳有时十分微弱,不应误认为死亡,应努力抢救。

1225. 毒蛇咬伤如何急救?

答:(1)不要惊慌、奔跑、饮酒,以免加速蛇毒在人体内扩散。

(2)咬伤大多在四肢,应迅速从伤口上端向下方反复挤出毒液,然后在伤口上方(近心端)用布带扎紧,将伤肢固定,避免活动,以减少毒液的吸收。

(3)有蛇药时可先服用,再送往医院救治。

1226. 犬咬伤如何急救？

答：（1）立即用浓肥皂水冲洗伤口，同时用挤压法自上而下将残留伤口内唾液挤出，然后再用碘酒涂搽伤口。

（2）少量出血时，不要急于止血，也不要包扎或缝合伤口。

（3）尽量设法查明该犬是否为“疯狗”，对医院制订治疗计划有较大帮助。

1227. 如何进行溺水急救？

答：（1）发现有人溺水应设法迅速将其从水中救出，受过水中抢救训练者在水中即可实行抢救。

（2）呼吸心跳停止者，用心肺复苏法坚持对其进行抢救。

（3）口对口人工呼吸因异物阻塞发生困难，而又无法用手指除去异物时，可用两手相叠，置于脐部稍上正中线上（远离剑突），迅速向上猛压数次，使异物退出，但也不用力太大。

（4）抢救溺水者时，不应因“倒水”而延误抢救时间，更不应仅“倒水”而不用心肺复苏法进行抢救。

1228. 如何进行高温中暑急救？

答：（1）应立即将病员从高温或日晒环境转移到阴凉通风处休息。

（2）用冷水擦浴、湿毛巾覆盖身体、电扇吹风或在头部置冰袋等方法降温，并及时给伤员口服盐水。

（3）严重者送医院治疗。

1229. 如何进行有害气体中毒急救？

答：（1）应立即将中毒人员撤离现场，转移到通风良好处休息。抢救人员进入险区必须戴防毒面具。

（2）已昏迷病员应保持气道通畅，有条件时给予氧气吸入。对呼吸、心跳停止者，按心肺复苏法进行抢救，并联系医院救治。

（3）迅速查明有害气体的名称，供医院及早对症治疗。

1230. 对风力发电紧急救护与应急物资有哪些要求？（GB/T 35204—2017）

答：（1）现场作业人员应接受中暑、冻伤、烧烫伤、中毒、动物咬伤、创伤止血、骨折救护、电气伤害、眼睛伤害、坠落急救等方面的救护知识培训并掌握救护技能。

（2）机组及周边工作可能发生的应急情况救护。

（3）应急物资应根据机组所处的环境不同，配置药品，消毒用品，急救物品（绷带、无菌敷料），各种常用小夹板，担架、铁锹等；具体配置表应在相应的应急预案中详细说明。

1231. 使用有害材料的一般安全要求有哪些？（GB/T 35204—2017）

答：（1）使用任何有害材料时，作业人员应仔细阅读随材料包装容器提供的化学品安全说明书（MSDS），并严格遵守；确保使用化学材料的地点的通风良好；当工作区域相对封闭应佩戴正压式呼吸面罩；工作人员定时更换，并设置监护人员。

（2）只要使用清洁剂或化学品，应按化学品说明书佩戴相应的个人防护用品，应包括呼吸面具、护目或护面保护用具、化学防护手套、工作服等。应正确使用个人防护用品，使用清洁剂及化工制品时落实避免污染环境的措施。

（3）在电气环境下使用化学材料，应进行风险评估，并明确断电的部位。

（4）化学物质与皮肤、眼睛接触后，应立即用水冲洗，高压物质喷溅到皮肤时，应马上就医。

第六节 地　震

1232. 在室内如何避震？

答：（1）立即躲到墙根、墙角或远离窗户的室内门道里，身体紧贴墙根、墙角，头部尽量靠近墙面。

（2）可随手取些被褥、枕头，掩住自己的头部。

1233. 在野外如何避震？

答：（1）躲开山脚、陡崖，以防止地震时发生山崩、滚石、泥石流等。

（2）当遇到山崩、滑坡时，应垂直于滚石前进的方向跑，或躲在结实的障碍物、地沟、地坎下，并保护好头部。

1234. 汽车行驶中如何避震？

答：（1）汽车司机应立刻停车，并关闭发动机。

（2）乘客应紧紧抓住扶手，降低重心，躲在座位附近，并用衣物护住头部。

（3）地震过后，有秩序地从车门下车。

1235. 地震中，被塌落重物压住身体时如何处理？

答：（1）查清压在身上的物体是何物，不要轻易移动物体或身体。

（2）检查自己是否受伤，若没有受伤，应根据情况向外缓慢拽拉身体。

（3）若已受严重外伤，应尽力用衣物等包扎好伤口。

（4）若发生骨折，不要轻易移动，应等待救援。

1236. 被埋在废墟中如何维持生命？

答：（1）树立坚定的生存信念，不要大哭大叫，尽量休息，闭目养神，保存体力。

（2）寻找食物和水，维持生命，若无法找到水，可以用自己的尿液应急。

（3）若有伤，应设法包扎。

1237. 如何防止救援中被埋者窒息？

答：（1）救援时应尽快打开被埋者所处的封闭空间，使空气流通。

（2）应先使被埋者露出头部，并清除其口、鼻中的尘土，使其呼吸通畅。

（3）灰尘过大时，应喷水降尘，以免使被埋压者窒息。

第七节 火 灾

1238. 火灾报警的要点是什么？

答：（1）火灾地点。

（2）火势情况。

（3）燃烧物和大约数量。

（4）报警人姓名及电话号码。

1239. 火灾时，被围困在二、三楼的人员应该怎样逃生？

答：（1）选一长杆或长木板，在一头捆绑上较沉的器物，然后将较沉的一头朝下，抱着另一端往楼下跳，这样可以使长杆或长木板着地后稳定性增强，从而减轻受伤的程度。

（2）如果没有杆子，可将棉被、沙发等先从窗户扔到楼下，铺好落地点，先用被子将老人或孩子包在里面，然后用绳子系牢，从窗户或阳台慢慢放下去，然后青壮年人再跳楼逃生。跳的时候应该用手攀住窗台或阳台外沿，身体垂直向下跳。

1240. 如果安全通道均被切断了该怎么办？

答：（1）进入卫生间后要把门窗关紧，不断向卫生间门上泼水，使门降温。

（2）拧开水龙头放水，将浴缸放满，这样既可用水灭火，又可进入水中避难。

1241. 风电机组火灾的应急措施有哪些？（GB/T 35204—2017）

答：（1）人员未进入机组前，发现机组发生火灾，严禁靠近机组，尽快撤离到安全区域，电话报告现场情况，设置警戒线，清除地面可燃物，避免火灾扩大。

（2）着火点在作业人员下方，阻断逃生路线，应选择应急逃生路线，打开机舱顶部天窗，使用应急逃生装备从机舱逃生口逃生。

（3）着火点在机舱，作业人员应立即对初级火灾进行灭火，若火情加重，应立即撤离机组，撤离机组后立即电话报告经现场负责人，并进行现场警戒。

第八节　洪　　水

1242. 洪水将要来临时，应做哪些物资准备？

答：（1）无线电收音机、手电筒、蜡烛、打火机、颜色鲜艳的衣物或旗帜、哨子等。

（2）饮用水、罐装果汁和保质期长的食品，并将其捆扎密封，以防发霉变质。

（3）保暖用的衣物及治疗感冒、痢疾、皮肤感染的药品。

（4）汽车加满油，保证随时可以开动。

1243. 洪水来临时，城市哪些地方是危险地带？

答：（1）危房里及危房周围，危墙及高墙旁。

（2）洪水淹没的下水道，马路两边的下水井及窨井。

（3）电线杆及高压线塔周围。

（4）化工厂及储藏危险品的仓库。

1244. 洪水来临时，野外哪些地方是危险地带？

答：（1）河床、水库及渠道、涵洞。

（2）行洪区、围垦区。

（3）危房中、危房上、危墙下。

（4）电线杆、高压线塔下。

1245. 怎样防止洪水涌入室内？

答：（1）房屋的门窗是进水部位，用沙袋、土袋在门槛和窗户处筑起防线。

（2）用胶带纸密封所有的门窗缝隙，可以多封几层。

（3）将老鼠洞穴、排水洞等一切可能进水的地方堵死。

1246. 驾车时遭遇洪水怎么办？

答：（1）在水中要非常小心地驾驶，观察道路情况。

（2）穿越积水较深的路面时，不要猛加油门。如果在洪水中出现熄火现象，应立即弃车。

（3）不要企图穿越被洪水淹没的公路。

第九节 雷　电

1247. 室外遭遇雷电有何注意事项？

答：应尽快转移到有防雷设施的建筑物内，如无法转移到户内应注意以下几点：

（1）避免站在最高的物体附近或使自己成为最高的物体。

（2）远离树木、电线杆、桅杆，不宜打伞，不宜将长状工具扛在肩上。

（3）不要骑自行车或摩托车，切勿游泳或从事其他水上运动。

（4）和其他人一起避难时，彼此间要保持一定的距离。

（5）在空旷的地方不要卧倒，可就地蹲下，两脚并拢，两手抱膝，胸口紧贴膝盖，尽量低下头，降低身体高度。

（6）避免使用电话和无线电话。

1248. 室内遭遇雷电有何注意事项？

答：（1）留在室内，关好门窗。

（2）切勿接触天线、水管、铁丝网、金属门窗，远离电线等带电设备。

（3）避免使用电话和无线电话。